U0309509

航天科技图书出版基金资助出版

# 绳系卫星空间交会制导与控制的基本原理和方法

梁　斌　王学谦　何　勇　著

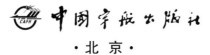

中国宇航出版社

·北京·

**图书在版编目（CIP）数据**

绳系卫星空间交会制导与控制的基本原理和方法 / 梁斌，王学谦，何勇著．--北京：中国宇航出版社，2018.4

ISBN 978 - 7 - 5159 - 1465 - 7

Ⅰ．①绳… Ⅱ．①梁… ②王… ③何… Ⅲ．①绳系卫星系统－研究 Ⅳ．①V474

中国版本图书馆 CIP 数据核字（2018）第 086857 号

责任编辑　赵宏颖　　　　　封面设计　宇星文化

出　版
发　行　**中国宇航出版社**

社　址　北京市阜成路 8 号　　　邮　编　100830
　　　　（010）60286808　　　　（010）68768548
网　址　www.caphbook.com
经　销　新华书店
发行部　（010）60286888　　　　（010）68371900
　　　　（010）60286887　　　　（010）60286804（传真）
零售店　读者服务部
　　　　（010）68371105
承　印　河北画中画印刷科技有限公司
版　次　2018 年 4 月第 1 版　　　2018 年 4 月第 1 次印刷
规　格　880×1230　　　　　　　开　本　1/32
印　张　5.75　　　　　　　　　　字　数　166 千字
书　号　ISBN 978 - 7 - 5159 - 1465 - 7
定　价　48.00 元

# 航天科技图书出版基金简介

航天科技图书出版基金是由中国航天科技集团公司于2007年设立的，旨在鼓励航天科技人员著书立说，不断积累和传承航天科技知识，为航天事业提供知识储备和技术支持，繁荣航天科技图书出版工作，促进航天事业又好又快地发展。基金资助项目由航天科技图书出版基金评审委员会审定，由中国宇航出版社出版。

申请出版基金资助的项目包括航天基础理论著作，航天工程技术著作，航天科技工具书，航天型号管理经验与管理思想集萃，世界航天各学科前沿技术发展译著以及有代表性的科研生产、经营管理译著，向社会公众普及航天知识、宣传航天文化的优秀读物等。出版基金每年评审1～2次，资助20～30项。

欢迎广大作者积极申请航天科技图书出版基金。可以登录中国宇航出版社网站，点击"出版基金"专栏查询详情并下载基金申请表；也可以通过电话、信函索取申报指南和基金申请表。

网址：http://www.caphbook.com

电话：(010) 68767205，68768904

# 目　录

# 第1章 绪 论

## 1.1 绳系卫星系统的概念

绳系卫星系统（Tethered Satellite System，TSS）方案的提出可以追溯到俄罗斯"航天之父"齐奥尔科夫斯基于 1895 年关于"赤道通天塔"的设想，但该想法最初被用于卫星的姿态控制系统上。直到 1974 年，意大利的天体力学家 Colombo 提出借助一根长达 100 km 的系绳，将航天器从航天飞机上向更低的轨道上投放，以进行长时间的科学测量[1-3]，TSS 由此被提出。

TSS 是指两颗或两颗以上的卫星通过细长系绳相连所构成的系统。通常在这两颗卫星中，有一颗为主星，另外一颗为子星。其中，主星的质量往往比较大，可以是空间站或者航天飞机，也可以是一颗质量比较大、结构比较复杂的卫星[3]。

## 1.2 空间绳系技术的应用

TSS 作为新的空间技术已从理论变为现实，并成为航天科学界的研究热点之一，在"空间系统维护与支援"方面具有重要的应用潜力。随着对空间研究、开发与应用能力的不断提高，各国相继研制并发射了大量面向各种任务要求的航天器，部分航天器发射入轨后可能会出现部件失效、轨道偏离、推进剂耗尽等问题。如果通过地面遥控不能恢复运行，则航天器将报废，成为太空垃圾，造成巨大损失。因此，为了增强卫星性能、延长卫星使用寿命、降低费用和风险，对于以在轨推进剂加注、维护修复、功能更换和升级、在轨组装等为内容的在轨服务技术的需求越来越迫切，而要完成这些在轨服务作业，首先要进行空间交会作业，且交会次数也趋于频繁。然而，交会次数越频繁，所需费用越庞大，故障率也在增加，这使得人们更加呼吁新的交会方法出现来替代传统的交会方法。TSS 以其能节省卫星变轨时推进剂的消耗，降低地面发射成本以及可重复使用等特点，将在维护整个系统的功能和完整性方面体现出重要的作用。若主星携有多个子星，则不但可以在较远的距离上实现空间交会，而且还可以对多个目标同时或分批次进行空间交会。

除此之外，TSS 在太空的应用还包括以下几个方面[4-7]：

（1）有助于大气层的研究

目前，由于飞机或卫星都无法在 $100 \sim 150$ km 的高度工作，使得人们对这一高度的大气研究比较少，唯一的直接探测手段就是探空火箭，然而其探测时间仅有几分钟。针对这一问题，采用 TSS 进行探测能弥补上述不足，已有学者研究表明[8]：在 $100 \sim 120$ km 运行的卫星，其弹道系数一般在 $10^{-4}$ m$^2$/kg 量级，寿命只有 1.4 h；相比卫星而言，绳系技术可以大幅提高卫星的在轨寿命，Ivanov 和 Sitarskiy 的研究表明，对于在 200 km 圆轨道运行的绳系卫星系统，同样弹道系数的探测器从 125 km 降低到 100 km 需要 120 h。对于传统卫星来说，维持 120 h 的在轨寿命需要消耗约 1 000 km/s 的速度增量。

（2）用于太空发电

TSS 系绳若为导电材料制成，在其绕地球飞行时，实质上它是在地球强大磁场中运动的细长导体，可以产生电能，为 TSS 的蓄电池及其他用电设备提供电能。另外，若 TSS 系绳为导电材料制成时，它也是一个探测器，可以对电离层和地球磁力线的磁场进行探测，研究太阳风和地球磁场、太阳风和彗星尾迹的等离子体流之间的相互作用。

（3）能向更高轨道释放卫星

对于将载荷送入更高轨道来说，采用空间系绳作为实现方式也是节省推进剂消耗的一种可能手段。如 TSS 往上展开，由于子星的轨道高度比轨道站高，当其远离轨道站时，总是处于轨道站后上方，因此系绳的反作用力沿子星运动方向产生一个分力，这个分力导致子星绝对速度增加，如果在某个时刻切断系绳，子星就进入一个更高的轨道。

## 1.3 空间绳系卫星系统的在轨试验

第一次空间绳系试验可以追溯到 1966 年，NASA 将两个有人操作的飞船 Gemini - 11 和 Gemini - 12 通过系绳与阿金纳火箭连在一起，以此来研究连在一起时飞船的力学特性。该试验对空间绳系的相关技术进行了验证，为以后开展 TSS 试验提供了重要的技术储备[7]。

### 1.3.1 意、美联合开展的绳系卫星系统试验

20 世纪 90 年代由意大利空间局（Italian Space Agency，ASI）与美国国家航空航天局（National Aeronautics and Space Administration，NASA）联合开发的 TSS 项目是人类历史上首次进行 TSS 的电动力试验，并验证了通过 TSS 系绳切割磁力线产生电动势的可能性。

该 TSS 共开展了两次飞行演示试验[9-10]：1992 年 7 月的 TSS - 1 试验和 1996 年 2 月的 TSS - 1R 试验，试验的主要目的是验证用系绳进行发电的可行性，如图 1 - 1 所示[11]。

可惜的是这两次试验任务都未能顺利完成：在 TSS - 1 试验中，由于一个安装在系绳控制机械装置上的螺栓的安装不当，系绳被卡住，导致系绳只释放了 256 m，但幸运的是，子星能够被完好无损地回收到航天飞机的货舱内，供第二次试验使用；在 TSS - 1R 试验中，释放到 19.7 km 时，由于连接子星的系绳断裂，子星丢失，导致任务未能顺利完成。

图 1-1   TSS-1 结构示意图

## 1.3.2   美国开展的绳系卫星系统试验

世界上第一个成功的进行长系绳的 TSS 试验为 1993 年 3 月 NASA 发射的小型消耗性伸展系统（Small Expendable Deployer System-1，SED-1），它也是世界上第一个子星用小卫星来完成的试验，其主要目的是为了研究系绳伸展动力学[12]。在这次试验中，从 Delta Ⅱ 型火箭轨道舱中朝向地球释放出质量为 25 kg 的小卫星，当系绳释放到 20 km 时，其末端被剪断，随后小卫星拖着 20 km 的尾巴返回大气层。

就在 SED-1 试验成功的 3 个月后，即 1993 年 6 月，NASA 又进行了等离子体推进与发电系统（Plasma Motor Generator，PMG）试验，并获得成功。该系统的系绳是可导电的导体，长 500 m，由绝缘的标准铜线制成。该试验的主要目的是测试电动力 TSS 发电以及推进能力[13]。

1994 年 3 月，NASA 进行了小型消耗性伸展系统（Small Expendable Deployer System - 2，SED - 2）试验，试验的主要目的是应用 SED - 1 硬件探究 TSS 在空间的生存能力，即子星伸展的控制能力、TSS 在轨道上长期运行的动力学特性以及系绳对于微损星体碰撞的生存能力。试验目标是希望 TSS 能够在轨道上运行 12 天，但是实际上运行了 3.7 天后，系绳被微流星体切断[14]。

1996 年 6 月，美国海军实验室（Naval Research Laboratory，NRL）和美国国家侦察办公室（National Reconnaissance Office，NRO）合作进行了系绳物理与生存能力（Tether Physics and Survivability，TiPS）试验，该试验的主要目的是为了获取关于空间系绳动力学与生存能力的资料。该试验成功地验证了使用这种新型系绳，TSS 能够获得很长的存活时间，目前该 TiPS 仍在轨运行[15]。图 1 - 2 为 TiPS 结构示意图。

图 1 - 2　TiPS 结构示意图

1998 年，美国海军太空技术研究中心（Naval Center for Space Technology，NCST）在 TiPS 研究技术的基础上，开展了 ATEX

（Advanced Tether Experiment）试验。该试验的目的是验证 TSS 系统的稳定性和控制、TSS 末端姿态确定和控制的能力以及长系绳的生存能力。原计划释放的绳长为 6 km，然而在实际中却只释放了 22 m。其原因是由于该 TSS 主星（STEX）上的自我保护装置在 22 m 时被触发，这样把子星抛射出去了。

此后，美国还开展了一系列绳系卫星的试验[16-17]，如表 1 - 1 所示，这里不再逐一介绍。

表 1 - 1　1998 年以后的部分 TSS 试验

| 试验名称 | 日期 | 试验平台 | 状态 | 绳长 |
|---|---|---|---|---|
| DARPA Picosat | 2000 | Minotaur | 在轨 | 30 m |
| Picosat 7&8 | 2001 | Minotaur | 在轨 | 30 m |
| MEPSI | 2002 | 航天飞机 | 2003 年 1 月坠落 | 15 m |
| ProSEDS | 2002 | Delta | 未知 | 15 km |
| DTUSAT | 2003 | Rokot | 在轨 | 450 m |

## 1.3.3　欧空局开展的绳系卫星系统试验

1997 年，来自欧洲十余个国家的学生在欧空局的帮助下设计并完成了一颗人造卫星，这就是新一代工程卫星（Young Engineers' Satellite - 1，YES - 1）计划。该试验的主要目的是演示和验证在地球同步转移轨道上的系绳展开时的动力学和系绳的动量交换技术，但是由于发射窗口的改变导致系绳在空间展开时，系绳被太空碎片割断的风险非常大，因此，未进行系绳展开试验[18]。

2007 年 9 月底，发射了新一代工程卫星 - 2（Young Engineers' Satellite - 2，YES - 2）。该试验的主要目的是验证 TSS 用来作为太空交通工具的可行性，即通过 TSS 把有效载荷送回地球的技术[19-21]。与此同时，还为学生提供了一个展示自己奇特想法的机会，如图 1 - 3 所示[22]。

图 1-3　YES-2 结构示意图

### 1.3.4 俄罗斯的绳系卫星系统试验

除上文所提到的 TSS 试验外，另外一个值得提出的 TSS 试验是俄罗斯能源火箭航天公司制订的发展俄罗斯空间 TSS 的构想，他们制订的发展俄罗斯 TSS 的构想规定：第一阶段，在空间站上进行系绳-1、系绳-1A、火神以及系绳-2 等一系列 TSS 试验；下一阶段，制造并在新的空间站上试运行运输型、发电型和研究型 TSS。将来，制造载人空间站及其多功能 TSS。但是，令人可惜的是目前还没看到有关这些方面试验的报告，下面是对这些试验构想的简要介绍[23,72]。

系绳-1 系统是由和平号空间站与进步-M 号飞船通过 20 km 长的合成纤维系绳所构成的 TSS，该系统是由俄罗斯能源公司于 1989 年完成的一项独特的设计。试验目的是研究系绳系统展开力学、飞行和分离及其无能耗轨道机动飞行。

系绳-1A 试验的设想与系绳-1 相同，只是将系绳的长度增至

50 km。接下来的火神试验是进行电动力 TSS 的试验，其目的是在 TSS 飞行过程中进行发电状态、推进状态、输电状态和辐射状态的功能试验，以及在轨定向控制试验。

最后一项是系绳-2 试验。其目的是对轨道系绳系统的力学、电动力学和无线电物理学作全面系统的研究。

制造并在新的空间站上试运行运输型 TSS 试验是在系绳-1 和系绳-1A 试验成功后进行试验，该系统用于从轨道上收回返回舱，工作完的飞船和组件、桁架和太阳帆板。此外，这种系统还用来定期提高空间站的轨道而不消耗推进剂。若火神和系绳-2 的试验完成，则开始设计一种在空间站上正常运行的系绳系统。

# 1.4 空间绳系卫星动力学与控制技术研究

## 1.4.1 绳系卫星动力学与控制技术研究现状

TSS 的想法从提出到现在，已有不少学者对这一领域进行过研究。其中，20 世纪 80 年代及以前是 TSS 研究的起步阶段，这一期间，一些学者通过建立简单的数学模型对 TSS 的动力学问题进行了研究，并且在航空、航天、控制以及力学等方面的刊物与国际会议上发表，得出了一些初步的研究结果；90 年代是 TSS 研究的初步发展阶段，此时，已有一些文章在航空、航天、控制以及力学等方面的刊物与国际会议上发表，同时，也进行了一些演示与论证试验，并获得成功，标志着 TSS 已从理论阶段进入现实；2000 年至今是 TSS 研究的深入发展阶段，并已进入实用阶段，这一时期，更多的文章不但出现在航空、航天、控制以及力学等方面的刊物与国际会议上，而且对 TSS 的研究也考虑了系统本身以及环境因素的影响，并建立了更为精确的动力学模型。TSS 试验的目的，也从初步发展阶段中论证系绳的发电能力、生存能力以及动力学特性等特点方面转变为论证 TSS 用于产生电动力、离轨以及充当太空运输工具等用途方面。

本节对 20 世纪 90 年代至今的 TSS 研究结果进行概括、分析与总结，关于 90 年代以前的 TSS 研究结果，在其他文献中已进行过详细的介绍，这里不再重复，可参考其他文献[14-27]。

### 1.4.1.1 绳系卫星系统的初步发展阶段

与起步阶段相比，这一阶段许多学者对 TSS 的控制问题进行了研究。TSS 控制技术主要涉及到轨道控制、姿态控制、系绳弹性振动控制、工作状态稳定性控制以及子星的释放和回收控制等。

这一时期，关于 TSS 的轨道、姿态以及系绳弹性振动等控制方面的研究特点是：侧重某一方面，集中对某个问题或者某个新方案进行深入的分析与考察。如：1992 年，Misra 和 Modi 对 $N \geqslant 2$ 体 TSS 的动力学进行研究，并应用现代控制理论技术来解决 $N$ 体系统中系绳面内和面外的控制问题[28]；1993 年，Decou 对 TSS 的姿态扰动和系绳振动的控制方法进行研究，并提出利用线性的偏量控制来衰减这些扰动[29]；Kokubun 和 Fujii 于 1996 年考虑系绳弹力的情况下，研究了子星的释放和回收的控制技术[30]；1997 年，Monica Pasca 研究了通过子星上的推力器来控制 TSS 系绳的横向振动，采用 Lyapunov 稳定性定理来验证该方法的可行性与有效性[31]；在 1998 年和 1999 年 Kalantzis[32] 和 Pradhan[33] 的文章中还对 TSS 偏量控制进行了研究。

TSS 子星的释放与回收控制技术主要集中在以下 3 种控制方法中[34-35]。

（1）系绳张力（或系绳速率）控制法

这种方法是通过调整系绳的张力（或系绳的释放速率）来进行 TSS 控制的，是最早也是开发程度最高的 TSS 控制方法。其优点是应用系绳的张力（或系绳速率）控制法，可以实现 TSS 子星的控制，且不需要推进剂，但是在重力梯度力量级很小的情况下，特别是在轨道较高、系绳较短或者子星回收这 3 种情况下，重力梯度力很微弱，这将导致系绳的张力变小，控制时间较长。

（2）子星推力控制法

基于系绳张力（或系绳速率）控制方法的弱点，可以考虑对子星施加推力。推力方向与系绳的收拢方向相反，以增大系绳内部拉力。这种推力控制技术可与系绳拉力（速率）控制方法联合应用。推力控制方法的优点是可以缩短系绳收拢时间，提高收拢过程的稳定性，但却带来了一些问题，如增加了系统的复杂性；增加了子星的质量与体积；需要增加系绳的强度（即对相同的系绳材料，需增加系绳的横截面积）。

（3）系绳张力（或系绳速率）与子星推力的混合控制法

这种控制方法是指：系绳的运动通过安装在主星的运动机构进行控制；摆角方向通过安装在子星上的推力进行控制。

这一阶段的另一个重要特点是开展了以验证 TSS 的系绳发电能力、系绳的生存能力以及动力学特性等为目的的空间飞行试验。

值得一提的是，这一时期，我国也有一些学者对该领域进行了研究，如：朱仁璋对 TSS 动力学与运动学方面的特性及其研究方法进行过较全面、系统和扼要的阐述，并对 TSS 的控制技术和摆角的振动频率做出过研究[36-39]；于绍华提出系绳速率控制算法用来解决系绳的运动控制问题，并着重对 TSS 的周期运动进行了研究[40-42]；崔乃刚研究了系绳剪断后子星轨道参数的变化，验证了利用系绳实现子星轨道机动的可行性[43-44]，且在博士课题研究中专门研究了绳系卫星动力学和控制问题[45]；顾晓勤研究了子星的释放与系绳的横向振动问题[46-47]。

## 1.4.1.2　绳系卫星系统的深入发展阶段

这一阶段，已有学者开始对电动力 TSS[48-51]进行专门研究。所谓电动力 TSS，就是通过一根能够导电的系绳连接的 TSS。当导电绳上通过电流时，电流和地球磁场相互作用会在系绳上产生洛仑兹力。反过来，当该导电绳在地球磁场中运动时，会由于切割磁感线而在系绳中产生电动势，当系绳和大气中的自由电子和离子构成闭合回路时，便能在系绳中产生电流。由于洛仑兹力（电动力）的存在，用在轨道转移所需的推力可用电动力来实现。这一特性使得电动力 TSS 的控制问题和一般的 TSS 有很大的区别，因此受到广泛关注。

在 20 世纪 90 年代的初步发展阶段中，虽然已经有很多关于 TSS 控制的工作，但是其中大部分集中在刚性 TSS（即把系绳考虑成一个刚性杆）或者可伸缩的弹性系绳（即系绳沿纵向可以弹性变形）。完整的柔性 TSS（即系绳建模为有质量分布，可以纵向拉伸和横向弯曲）的动力学比上述两种模型复杂得多。对这方面内容的深入研究，也是该阶段区别于其他阶段的一个重要特点。

关于柔性 TSS 的动力学建模问题主要有如下 3 种方法[52-56]。

（1）离散质量点模型

在这种方法中，系绳的质量被集中到分布于系绳的一个个独立的质量点上，用这些质量点的运动来描述系绳上不同部位的运动，质量点之间的系绳被认为是可伸缩但不可弯曲的弹性模型，最终得到关于这一系列质量点的动力学方程。该种方法的优点在于建模方便，得到常微分方程组。缺点在于不够精确，而且当离散的质量点数目较多时，计算效率非常低。

（2）连续偏微分方程模型

这种模型能够在物理上最为准确地描述 TSS 的动力学特性，但是一个显著的问题就是求解起来非常困难。由于动力学方程既包含时间偏导数又包含空间偏导数，当对时间离散之后，将得到一个空间的两点边值问题，两点边值问题的求解是比较困难的。

（3）有限元模型

有限元模型是将结构（连续体）离散化的一种近似方法，它的本质是 Rayleigh‐Ritz 的方法。与其他模型相比，有限元模型更适于解决大型、复杂结构的问题，以及运用计算机来进行求解。缺点在于计算量比较大，此外，不易对动力学方程进行分析。

与 TSS 的初步发展阶段相同，该阶段也具有以下特点：侧重某一方面，集中深入地分析某个问题或者考察某个新方案。如：Burov

和 Troger 针对 TSS 轨道面内的横向振动进行研究，进一步验证了子星在释放过程中的稳定性和回收中的不稳定性[57]；Misra 研究过由 3 颗卫星组成的 TSS 的对称结构，以及该结构下系统的稳定特性[58]；Kojima 等基于 TSS 运动质心为椭圆的情况下，针对 TSS 的振动问题，提出了一种非线性的控制方法[59]；Williams 等对轨道面内用系绳对目标进行抓捕的控制技术进行了研究[60]；Kalyan 和 Sunil 提出了采用边界控制的方法来确保主星和子星在状态保持阶段的稳定性[61]；Krupa 等从 TSS 的动力学模型出发，对 TSS 子星释放和回收阶段的控制的最优性以及控制的必要性进行研究和分析[55]；C Qualls 和 D A Cicci 提出了一种改进的轨道确定方法，结果表明比传统的轨道确定方法能够获得更精确的轨道参数[62]；在不依赖推进剂消耗的情况，Williams 研究了借助系绳动量交换技术实现子星轨道偏心率的变化[63]。

与此同时，国内也有一些学者对 TSS 进行了研究，如：黄奕勇和杨乐平对系绳速率控制法的改进以及绳系系统的 3 种 R - bar 和 2 种 V - bar 交会对接方案进行过研究[64-65]；文浩等研究了在状态和控制约束下 TSS 非线性时间最优控制问题，提出了基于二阶微分包含的控制律设计方法[66-67]；针对 TSS 质心轨道高度为低轨的情况，王聪等对 TSS 子星展开阶段的动力学特性和张力控制规律进行了研究[68]；顾晓勤分别对 TSS 运行于圆轨道和椭圆轨道情况下，子星的释放策略进行了一定的研究，并对圆轨道情况下子星的释放进行了数字仿真[69]；由磊磊对绳系系统交会对接这项新技术在空间的应用进行了一定的介绍，并提出该系统未来的发展方向[70]；针对子星的快速释放问题，刘莹莹和周军对短系绳释放过程的动力学特性以及释放的方式进行过研究[71]；围绕着 TSS 的控制问题，崔本廷对绳系在空间交会对接的应用以及绳系的空间发射/释放技术问题进行过研究[72]；针对绳系系统的空间交会捕捉问题，陈辉给出了执行交会机动任务时可行点的求解过程，并通过状态反馈实现了对捕捉机构的精确控制[73]。He 等对绳系系统的稳定性进行了研究，并给出了绳系系统展开和回收的控制算法理论分析结果，仿真结果表明算法可以保证系绳在展开和回收过程中的稳定性[74]。

在该阶段中，TSS 空间飞行试验也由 20 世纪 90 年代对 TSS 特点的论证转变为对 TSS 用途的论证，如在该阶段中，对 TSS 的电动力变轨技术、TSS 的离轨技术以及 TSS 用来充当太空运行工具的可行性方面进行论证，试验结果也证明了 TSS 能够用于上述各方面。

## 1.4.2　绳系交会制导和控制技术研究

绳系交会法最早是 Carroll[27,75] 提出的，用于实现绳系末端与航天飞机之间的交会，作者后来还提出了一种绳系运输装置的初步设计，该运输装置能够给绳系末端的载荷提供 0.9～1.2 km/s 的速度增量。与通常的交会方法不同，绳系交会意味着有效载荷和主星不在同一个轨道高度上，这使得对接机构和有效载荷的交会窗口非常短，导致子星与目标的对接或对目标的捕获非常困难。针对这一问题，Stuart[76] 提出一种延长绳系交会时间的控制方法。该 TSS 是由一个太空平台（Space Platform，SP，即本文的主星），绳系末端航天器（Tether‐Tip Vehicle，TTV，即本文的子星）以及 10 km 长的系绳组成，并且 TTV 和 PV（即本文的目标）均假定带有推力器并且目标是合作目标，通过匹配 TTV 和 PV 瞬间的位置和速度计算最大交会时间，然后通过沿系绳方向的推力来将系绳的张力维持在 0 附近，结果表明所提的方法对目标的位置和速度存在较大的扰动时具有良好的冗余性。基于系绳张力采用 PD 控制的方案下，Blanksby 和 Trivailo[77] 采用预测控制器对绳系交会的控制进行了研究，该控制系统中包括如下的 2 个环：内环——用来设计配备期望的角度；外环——用来设计用于当地垂线交会的摆动时间。文中作者还考虑使用一个额外的质量沿着系绳方向运动，以此来提高系绳末端的控制力，从而达到延长交会窗口的目的。借助额外的质量沿系绳运动的方法，早期，Kokubun 等[78] 研究了该方法用于实现绳系卫星系统的稳定，且称这种额外的质量为"变质量"。文中作者采用

Lyapunov 函数来实现 TSS 面内和面外摆角的稳定。Nigjeh 等[79]考虑了太空系绳的径向投递捕获动力学，引入开环控制方案来降低径向振动，并且径向振动随着末端系绳上的载荷质量的减少而降低。基于载荷的先验知识，该控制器采用指数和线性速率控制。当该方案成功用于简单动力学模型中降低径向的振动时，系绳伸展角速度不能在机动中仍保持连续并且该算法在实现中需要载荷质量的明确信息。Williams[80-83]在这些文献的基础上对绳系交会方法进行了进一步的研究，文中作者采用非线性滚动时域控制的方法，使得绳系末端能在指定的时间到达指定的位置，从而保证能够实现交会作业。文中所提的方法不但可以使绳系末端与目标交会，而且在该额外的质量块上也能完成与目标的交会任务。

　　上述文献都是在 TSS 与目标共面的情况下进行研究的，TSS 与目标异面的情况也有作者进行过研究，如 Blanksby 等[84]在文献中就提出先前的研究中存在只考虑 TSS 与目标共面的情况的问题，没有考虑当 TSS 与目标异面的情况，且作者指出即便 TSS 的轨道倾角与目标的轨道倾角偏差很小，也是件非常复杂的事情。针对这一复杂的问题，作者提出了采用 Legendre 伪谱和伦移这 2 种方法的组合来实现绳系末端与目标的交会，并在交会过程中使系绳速率最小。类似的研究还出现在 Williams[85-86]的研究中，针对 TSS 质心轨道与目标质心轨道倾角相差有 0.5°，1°和 1.5°这 3 种情况，给出了交会时所需的条件。为获得交会中系绳的角速率最小，作者采用 Legendre 伪谱法来实现，采用滚动时域控制解决系统的质量分布和系统的初始条件存在干扰的情况。上述研究虽然可以很好地解决子星与异面目标接近问题，但是正如上文作者所指出的那样，所提的方法很难甚至是无法完成子星与异面目标的相对位置保持任务。

　　在绳系交会方面，我国也有作者进行了研究。如：由磊磊[70]对绳系用于实现空间站与航天器的交会对接上、用于处理空间碎片上及用于实现卫星向更高轨道的转移等几个方面进行了详细的介绍，接着作者还介绍了绳系交会对接系统的设计。黄奕勇和杨乐平[65]介

绍过在 R - bar 和 V - bar 方向的 5 种绳系交会对接方案，给出了各
方案的实现过程，并对这些方案的性能和优缺点进行了详细的分析
和比较。

　　另一个值得一提的交会方法是先借助系绳的动量交换技术将子
星投射到指定的轨道，而后再通过子星上携带的推进剂或从子星内
部再释放一个子星来完成与目标的交会。关于这方面的研究，已有
学者进行过相应的工作。如：早在 1988 年，Kyroudis 和 Conway[87]
讨论过借助 TSS 实现卫星向地球同步轨道转移与借助霍曼转移相比
之下的优点，该 TSS 为一个哑铃系统且运行在椭圆轨道上。通过推
导系统的平面方程并进行数值解法，并且假设绳系的一端是航天飞
机，另一端是卫星。与霍曼转移的方法相比较，这种方法具有明显
的优势，因为该系统的推进性能可以通过增加系绳的长度和提高轨
道的偏心率来改善。关于以绳系为基础的转移技术更深入的研究可
参考 Pasca 和 Lorenzini[88-89] 的文献，Lorenzini 等[90] 对利用 TSS 系
绳的在轨转动将载荷从低轨向地球同步轨道上转移的问题进行过分
析，结果表明：利用两级 TSS 进行轨道转移优于一级 TSS 进行轨道
转移。一级 TSS 是指有效载荷通过单个轨道上的一个 TSS 进行轨道
转移，两级 TSS 是指有效载荷通过不同轨道上的两个 TSS 进行轨道
转移。多级绳系的早期研究在 Hoyt[91-93] 的文献中概述过。关于多级
TSS 的优点，Forward[94] 引用了 Carroll[95] 的结论：多级 TSS 比单一
TSS 具有更理想的轨道转移能力。崔乃刚[43-45] 对系绳剪断后子星轨
道的变化进行过研究，结果表明：系绳剪断后，主星和子星将分别
进入椭圆轨道飞行，较高的卫星将飞得更高直至远地点，较低的卫
星将飞得更低直至近地点或落于地球。关于子星投射后，子星轨道
变化的研究，Kumar 等[96-97] 对利用系绳实现航天器/载荷面内轨道
转移的方法进行了研究，并以主星和子星质量相同以及主星和子星
质量不同这 2 种情况分析轨道高度的变化，结果表明借助系绳长度
和面内摆角的初始值以及系绳回收时系绳的长度对主星或子星的转
移轨道高度均有明显的影响。Ziegler[98-99] 研究了基于系绳悬挂、摆

动和旋转这 3 种状态下子星释放后子星轨道高度的变化，并指出借助系绳的旋转技术实现轨道高度的最优化方法。关于系绳的旋转运动的控制及其稳定性的研究，Padgett 做过一些研究，并给出了 TSS 面内运动稳定的条件[100-101]。Williams 等[102-104]研究过如何实现 TSS 轨道偏心率的变化，即如何使一个运行在双曲线轨道上的卫星转移到一个椭圆轨道上去。除上述典型的研究工作外，还有其他学者进行过借助系绳动量交换技术实现子星轨道转移的相关工作[105-108]，这里不再一一列举。

### 1.4.3 薄弱环节技术的研究

虽然已有不少学者和科研人员对空间绳系技术研究了很多年，且开展了相应的飞行试验，积累了大量的科研成果，但依然存在一些薄弱环节，需要进一步研究。

如已有学者指出[8]：当前，大多数学者将系绳末端物体视为点质量，不考虑系绳末端物体绕质心运动对系统动力学的影响，同时，当连接体的振动频率与系绳横、法向外振荡频率接近时，系统将产生共振现象；除共振外，在系绳连接体相互作用的情况下，系绳连接体相对于质心运动的研究也有着重要的工作意义；就空间碎片碰撞对绳系卫星系统的影响虽然有大量的研究，但使用系绳引起的各种其他恶劣情形还未发现相应的研究。

关于 TSS 的子星与目标的交会方法已有不少作者进行过相关方面的研究，并给出了大量很有价值的结论，但是仍存在以下问题有待进一步解决，也是本书重点研究的内容。

1）为判断子星与共面目标的交会方式是共面交会还是异面交会，需要对子星轨道面改变的条件进行研究。然而，现有文献虽给出过子星轨道面改变的条件（即系绳面外摆角和面外摆角的角速率同时为 0），但这一条件是实现子星轨道面改变的充分、必要还是充要条件有待进一步确定，且这一结论的正确性需要进行严格的数学证明。

2）对子星与共面目标的相对位置保持方法仍需进一步完善。如：Stuart 提出的方法对控制器的设计提出了更高的要求，且沿系绳方向的喷气所喷出的羽流会对系绳产生腐蚀、冲击和受热等不良影响；Williams 提出了解决该问题的方法，但是系统机械结构和系绳运动控制的复杂性将明显增加。

3）现有文献虽然能够实现子星与异面目标的接近，但是正如文献作者所述的那样，所提的方法很难甚至是无法延长子星与异面目标相对位置保持的时间，且现有研究是针对 TSS 质心与目标质心轨道倾角之差小于 3°的情况。

4）现有文献在子星轨道转移的算法设计中极少考虑模型的不确定性和外界干扰的影响。

5）现有文献需要对子星与共面/异面目标相对姿态保持控制方法进行研究。

## 1.5　本书主要研究内容和章节安排

本书对绳系卫星用于交会中的制导与控制方法进行了深入的研究。书中的内容是以绳系卫星的子星与共面目标或绳系卫星的子星与异面目标为研究对象，在完成子星与共面/异面目标的交会任务及其制导与控制策略的设计后，重点对子星与共面/异面目标的交会制导与控制方法进行了研究。

第 1 章为绪论，在介绍完课题来源和研究目的之后，对目前航天器典型交会方案中所存在的问题和绳系卫星用于交会中的优点及其需要解决的问题进行了分析，重点对验证绳系卫星相关技术的研究文献和在轨试验进行了概括、分析与总结，并介绍了本书的研究内容。第 2 章为交会的理论基础部分，主要对交会的数学模型和系统平衡状态进行了推导和分析。第 3～5 章为本书主要内容，主要研究解决子星与共面/异面目标的交会问题，由以下 3 个部分组成：第一部分为交会任务及其制导与控制策略设计；第二部分为子星与共面目标接近和相对位姿保持的制导与控制方法研究；第三部分为子星与异面目标接近和相对位置保持的制导与控制方法研究。

本书章节安排如图 1-4 所示。

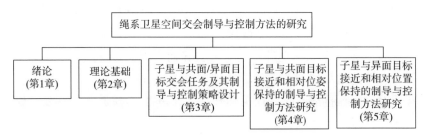

图 1-4　本书章节安排

各章具体内容如下：

第 1 章为绪论，重点介绍了为验证绳系卫星相关技术所进行的研究及其在轨实验，并对绳系卫星用于交会中已开展的制导与控制方法研究进行了总结，指出本领域目前尚待解决的问题，最后对本书的主要研究内容和各章节的安排进行了介绍。

第 2 章为理论基础知识。包括以下 3 个方面：对本书所需用到的基本假设和相关定义进行了概括与总结；对本书所需的系统动力学模型、姿态动力学模型以及主星/子星与目标的相对运动学模型进行了推导；对本书所需的稳定性定义和定理进行了总结，并根据这些定义和定理对系统的平衡状态进行了研究。

第 3 章对绳系卫星的子星与共面/异面目标的交会任务及其制导与控制策略进行了设计，提出了实现子星轨道面改变的必要条件，为子星与共面目标交会方式的判断提供了充足的理论依据，且简化了子星与共面目标的交会制导与控制策略及其相应算法构建的复杂性。

第 4 章对子星与共面目标的交会制导与控制方法进行了研究，且在考虑模型的不确定性和外界干扰的情况下，提出了两种延长子星与共面目标相对位置保持的控制方法，即系绳拉紧状态下系绳速率与变结构控制的联合控制法和系绳松弛状态下的变结构控制法，为现有方法增添了一种借助 Lyapunov 函数来构建子星与共面目标在相对位置保持段的相对姿态保持控制方法，且该方法可适用于系绳拉力力臂未知的情况，具有对参数不确定性的鲁棒和对一般外干扰的抑制相结合的优点。

第 5 章对子星与异面目标的交会制导与控制方法进行了研究，提出了系绳参数与目标质心轨道面在系绳松弛瞬间时的关系式，为子星与异面目标交会方式的判断和制导参数的确定提供了充足的理论依据，并提出了系绳为松弛状态下的变结构控制法来完成子星与异面目标的相对位置保持任务，且所提的方法在存在模型不确定性、外界干扰以及 TSS 质心与目标质心轨道倾角之差大于 3°的情况也能适用。

# 第 2 章　绳系卫星空间交会的基本理论

## 2.1　引言

本章介绍绳系卫星空间交会的理论基础，主要包括以下 4 个方面：航天交会技术的简述，基本假设和相关定义，数学模型的建立，稳定性理论的介绍。

其中：第 1 部分航天交会技术简述包括基本概念和交会的方案；第 2 部分的相关定义包括术语、符号和坐标系的定义，并对本书坐标系之间的转换关系进行了介绍；第 3 部分主要对系统动力学模型、姿态动力学模型和相对运动学模型进行了推导；第 4 部分对本书所用到的稳定性定义和定理进行了总结，且在考虑系绳质量的情况下，对 TSS 质心运行在圆或椭圆轨道时，系统平衡状态进行了研究。

## 2.2　航天器交会技术简述

### 2.2.1　航天器交会的概念

所谓交会是指目标航天器（也称被动航天器）不作任何机动或作少许机动，在轨道上稳定飞行，而追踪航天器（也称主动航天器）通过执行一系列轨道机动，使其能够与目标航天器在空间轨道上按预定的位置进行相会的过程，交会预定位置范围随空间交会目的不同有着不同的规定[109-110]。

一般来讲，航天器要开展抓捕、对接以及监测等操作，必须先进行交会，而要完成航天器的交会任务，必须对航天器交会的导航、制导和控制算法进行研究。

导航的功能是用来确定航天器位置和速度信息；制导的功能是根据获取的估算值与需要生成的飞行轨道上所需的位置、速度值之差生成使推力器工作的驱动指令；控制的功能主要是指控制分系统根据制导命令和估计状态来计算控制力，然后输出推力器驱动信号。

在航天器交会导航、制导和控制方法中，导航方法相对较为独立，将在今后的工作中进行重点研究，本文的研究重点为绳系卫星空间交会的制导和控制方法。

## 2.2.2　航天器交会的方案

### 2.2.2.1　航天器典型的交会方案

目标航天器的轨道高度决定了运载火箭必须具有较强的运载能力，根据运载火箭的特点，可将目前航天器典型的交会方案划分成以下 2 种类型：直接交会和借助等待轨道交会[111]。

（1）直接交会方案

这种交会方案是借助运载火箭将追踪航天器直接送入与目标航天器交会的位置上。

（2）借助等待轨道交会方案

这一交会方案是先借助运载火箭将追踪航天器送入指定高度的轨道上（在此种方案中，追踪航天器的入轨点为非交会位置上），若有合适的交会时机，则通过追踪航天器的轨道转移来完成与目标航天器的交会任务。反之，追踪航天器将在该轨道上待命，并伺机开展追踪航天器的变轨操作来完成与目标航天器的交会任务。

直接交会方案的快速性虽然比较好，但对发射窗口和发射地点等要求比较严格，且当交会轨道的轨道高度值＞1 000 km 时，对运载火箭的运载能力也提出了更大挑战；借助等待轨道交会方案的快速性虽然不能优于直接交会方案，但能降低对运载火箭、发射窗口和发射地点等要求，也是目前众多交会试验所采用的方案。

### 2.2.2.2　绳系卫星系统交会的方案

借助等待轨道交会方案虽然可以很好的解决直接交会方案中所

存在的问题,但随着今后交会次数的日趋频繁,交会的开支将变得更为庞大,且故障率也在增加,这促使人们更加追求经济、安全甚至是可重复使用的交会方案。

TSS用于空间交会的方案是一种新型的交会方案,其发射和入轨的方式虽然和2.2.2.1节方案中的方式相同,但是其交会的轨道转移任务可以借助系绳来完成,若主星上带有多个子星,则不但可以在较远的距离上开展空间交会操作,而且还可以对多个目标同时或分批次进行在轨交会作业,且发生故障时可以通过系绳将子星回收,进而可以避免子星与目标的相撞。另一方面,TSS的系绳通过在轨转动储存了大量的动能,能给用于交会中的子星提供足够的速度冲量,且子星直接在主星上发射,可以降低地面成本费用,进而使交会的费用更为经济。

在设计TSS交会方案之前,必须对其关键技术进行深入的研究。TSS交会方案中所涉及的关键技术非常广,包括动力学技术、控制技术、测控和通信技术以及热控技术等。

## 2.3　基本假设和相关定义

### 2.3.1　基本假设

考虑绳系卫星系绳的弹性、可弯曲性和其他星体引力等影响所建立的数学模型更接近实际情况,但此时数学模型的建立非常复杂,存在着求解困难、计算量大和计算效率低等不利因素。然而,当需对TSS动力学进行详细分析与研究时,必须考虑这些因素的影响,但对于本文研究绳系卫星与目标交会的制导与控制技术问题可以忽略这些因素的影响。类似的处理方法已在大量文献中使用[102, 112-114]。这种处理方法不但能简化模型建立的复杂性,而且还能在保证精度的情况下提高计算效率[102]。本文的研究主要是基于以下假设开展的:

1) 地球引力场为中心引力场,忽略空气阻力、太阳辐射压力以及其他星体引力的影响；

　　2）忽略系绳的柔性影响，且系绳的质量均匀分布；

　　3）建立系统动力学模型时，将 TSS 的主星和子星看作质点；

　　4）忽略 TSS 的轨道和姿态的耦合影响。

### 2.3.2　相关定义

#### 2.3.2.1　术语定义

　　共面目标：若目标航天器质心轨道面与 TSS 质心轨道面重合，则称该目标为共面目标。

　　异面目标：若目标航天器质心轨道面与 TSS 质心轨道面不重合，则称该目标为异面目标。

　　共面变轨：若追踪航天器质心轨道转移的轨道面与目标航天器质心轨道面重合，则称该变轨方式为共面变轨。

　　异面变轨：若追踪航天器质心轨道转移的轨道面与目标航天器质心轨道面不重合，则称该变轨方式为异面变轨。

　　共面交会：当追踪航天器到达关键点时，若追踪航天器所在的轨道面与目标航天器质心所在的轨道面重合，则称为共面交会。

　　异面交会：当追踪航天器到达关键点时，若追踪航天器所在的轨道面与目标航天器质心所在的轨道面不重合，则称为异面交会。

　　交会关键点：位于交会位置上的点。

　　系绳释放：指系绳通过释放机构伸出。

　　系绳松弛：指系绳拉力小于或等于 0 的情况。

　　传统交会方法：指现有航天器最为常用的交会方法，详情请参考文献 [115]。

　　$N$ 级 TSS：指 TSS 的子星由 1 个 $N-1$ 级的 TSS 组成。

　　$a$ 远小于 $b(a \ll b)$：指 $a$ 与 $b$ 的比值小于 50。

　　$a$ 远大于 $b(a \gg b)$：指 $a$ 与 $b$ 的比值大于 50。

#### 2.3.2.2　符号定义

　　$i_*$：在 $*$ 坐标系下沿 $X$ 轴方向分量（其中 $*$ 为 $o$、$t$、$a$、

J2000 分别表示 TSS 质心轨道、系绳、近拱点和 J2000 地心惯性坐标系，本节下文中的 * 坐标系与此含义相同，不再重复说明）；

$j_*$：在 * 坐标系下沿 $Y$ 轴方向分量；

$k_*$：在 * 坐标系下沿 $Z$ 轴方向分量；

$e_t$：在系绳坐标系下沿绳长方向的分量（由系统质心指向子星方向为正）；

$l$：系绳的长度；

$l_i$：TSS 质心到主星或子星的距离；

$sl_i$：TSS 质心到主星或子星的绳长在系绳坐标系沿 $Y$ 轴方向的分量，且有 $sl_i = (-1)^i \cdot l_i$；

$\xi$：系绳的微元长度；

$\alpha$：系绳的面内摆角；

$\beta$：系绳的面外摆角；

$m_i$：主星或子星的质量，其中 $m_1 = m_1^0 - m_t$（$m_1^0$ 为主星的初始质量）；

$m_t$：系绳的质量，且 $m_t = \rho l$（$\rho$ 为系绳的线密度）；

$M$：为 TSS 的总质量，其大小可写为 $M = m_1 + m_2 + m_t$；

$q_j$：广义坐标第 $j$ 个变量，广义坐标 $q$ 取 $q = (l \quad \alpha \quad \beta)'$；

$Q_\alpha$：与坐标 $\alpha$ 相关的广义力矩；

$Q_\beta$：与坐标 $\beta$ 相关的广义力矩；

$T$：为系绳张力；

$r$：地心与航天器质心的距离；

$R$：地心与 TSS 质心的距离；

$r_\xi$：地心与系绳微元的距离；

$v$：地心与航天器质心的速率；

$\mu$：地球万有引力常数；

$h$：动量矩；

$a$：半长轴；

$e$：偏心率；

$i$：轨道倾角；

$\Omega$：升交点赤经；

$\theta$：真近点角；

$\vartheta$：近地点角距；

$u$：纬度幅角；

$p$：半通径；

$(*)_i$：$i=1$ 表示主星所对应的参数，$i=2$ 表示子星所对应的参数，$i=3$ 表示系绳所对应的参数，$i=p$ 表示目标所对应的参数，$i=s$ 表示 TSS 质心所对应的参数；

$\dot{n}$：$n$ 对时间的导数；

$n'$：$n$ 对 $\theta$ 的一阶导数；

$n'_m$：$n$ 对变量 $m$ 的一阶偏导数；

$n''_{mv}$：$n$ 对变量 $m$ 和 $v$ 的二阶偏导数；

$[*]'$：矢量 $[*]$ 的转置。

$\boldsymbol{n}$：变量 $n$ 的矢量表示；

$\dot{\boldsymbol{n}}$：矢量 $\boldsymbol{n}$ 对时间的一阶导数；

$\mathrm{sgn}(*)$：符号函数。当 $i=1$ 时 $\mathrm{sgn}(*)=-1$，当 $i=2$ 时 $\mathrm{sgn}(*)=1$；

$C$：$C=\cos$；

$S$：$S=\sin$。

## 2.3.2.3　坐标系定义和转换

（1）坐标系定义

定义一个空间坐标系应包含 3 个要素：坐标系原点，基本平面（$xy$ 平面）和基本平面上的主方向（$x$ 轴方向）。坐标系中的 3 轴（即 $X$、$Y$、$Z$ 轴）均服从右旋正交坐标系法则，本节介绍本文所要用到的一些坐标系的定义。

1）J2000 地心惯性坐标系：J2000.0 地心惯性坐标系 $O_I X_I Y_I Z_I$ 是以 2000 年 1 月 1.5 日 TDB 标准历元的平赤道和平春分点定义的，其坐标原点 $O_I$ 为地球质心，$X_I$ 轴指向 J2000.0 平春分点，$Z_I$ 轴指向

J2000.0平天极，$Y_I$轴使得$O_IX_IY_IZ_I$构成右手正交系。本文中用于描述系统质心的绝对轨道状态，如图2-1（a）所示。

2）轨道坐标系：其坐标原点$O_o$为系统质心，$Y_o$轴由地心指向系统质心，$Z_o$轴位于轨道平面内垂直于$Y_o$轴，并指向在轨飞行的前进方向；$X_o$轴使得$O_oX_oY_oZ_o$构成右手正交系，如图2-1（a）所示。

3）近拱点坐标系：其坐标原点$O_a$为地球质心，$Y_a$轴由地心指向近地点，$Z_a$轴位于轨道平面内与$Y_a$轴成$+90°$的夹角；$X_a$轴使得$O_aX_aY_aZ_a$构成右手正交系，如图2-1（a）所示。

4）本体坐标系：其坐标原点$O_b$为TSS质心，$O_bY_b$沿系绳指向子星方向，在对地定向状态下背向地心；$O_bZ_b$通过坐标原点与$O_bY_b$成$+90°$方向，在对地定向状态下指向前进方向；$O_bX_b$按右手法则确定，在对地定向状态下为轨道面的法线方向。$O_bX_bY_bZ_b$坐标系为直角坐标系。

5）系绳坐标系：其坐标原点$O_t$为TSS质心，$O_tY_t$沿系绳指向子星方向。轨道坐标系通过两次旋转得到系绳坐标系，旋转角度分别为$\alpha$与$\beta$。

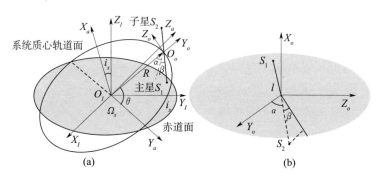

图2-1 系统构型和坐标系定义

（2）坐标系转换

绳系卫星与目标的交会过程中，常常存在坐标统一的问题。例如：在求卫星的位置矢量时，容易得到的关系是TSS质心到地心的矢量与TSS质心到主星或子星质心的矢量。但是，前者是在轨道坐标系下的矢量，而后者是在系绳坐标系下的矢量。为此我们常常需要通过坐标转换，使其能够转换成在同一个坐标系下表示。下文给出本文常用的坐标转换矩阵。

① 系绳坐标系 $O_t X_t Y_t Z_t$ 到轨道坐标系 $O_o X_o Y_o Z_o$

系绳坐标系通过 3 - 1 两次旋转到轨道坐标系

$$\boldsymbol{C}_{ot} = C_x(-\alpha) C_z(-\beta) = \begin{bmatrix} 1 & 0 & 0 \\ 0 & C\alpha & -S\alpha \\ 0 & S\alpha & C\alpha \end{bmatrix} \begin{bmatrix} C\beta & -S\beta & 0 \\ S\beta & C\beta & 0 \\ 0 & 0 & 1 \end{bmatrix}$$

$$(2-1)$$

② 轨道坐标系 $O_o X_o Y_o Z_o$ 到近拱点坐标系 $O_a X_a Y_a Z_a$

轨道坐标系通过绕 $X$ 轴的一次旋转到近拱点坐标系

$$\boldsymbol{C}_{oa} = C_x(-\theta) = \begin{bmatrix} 1 & 0 & 0 \\ 0 & C\theta & -S\theta \\ 0 & S\theta & C\theta \end{bmatrix} \qquad (2-2)$$

③ 近拱点坐标系 $O_a X_a Y_a Z_a$ 到 J2000 坐标系 $O_I X_I Y_I Z_I$

近拱点坐标系通过 1 - 2 - 3 三次旋转到 J2000 坐标系坐标系

$$\boldsymbol{C}_{Ia} = C_z\left(\frac{\pi}{2} - \Omega\right) C_y\left(\frac{\pi}{2} - i\right) C_x(-\vartheta)$$

$$= \begin{bmatrix} S\Omega & C\Omega & 0 \\ -C\Omega & S\Omega & 0 \\ 0 & 0 & 1 \end{bmatrix} \begin{bmatrix} Si & 0 & -Ci \\ 0 & 1 & 0 \\ Ci & 0 & Si \end{bmatrix} \begin{bmatrix} 1 & 0 & 0 \\ 0 & C\vartheta & -S\vartheta \\ 0 & S\vartheta & C\vartheta \end{bmatrix}$$

$$(2-3)$$

④ 轨道坐标系 $O_o X_o Y_o Z_o$ 到本体坐标系 $O_b X_b Y_b Z_b$

轨道坐标系通过 3 - 1 - 2 三次坐标旋转到本体坐标系

$$\boldsymbol{C}_{bo} = C_y(\theta_s) C_x(\varphi_s) C_z(\psi_s)$$

$$= \begin{bmatrix} C\theta_s & 0 & -S\theta_s \\ 0 & 1 & 0 \\ S\theta_s & 0 & C\theta_s \end{bmatrix} \begin{bmatrix} 1 & 0 & 0 \\ 0 & C\varphi_s & S\varphi_s \\ 0 & -S\varphi_s & C\varphi_s \end{bmatrix} \begin{bmatrix} C\psi_s & S\psi_s & 0 \\ -S\psi_s & C\psi_s & 0 \\ 0 & 0 & 1 \end{bmatrix}$$

$$(2-4)$$

式中　$\theta_s$，$\varphi_s$，$\psi_s$——轨道到本体的 3 个姿态角。

⑤J2000 坐标系 $O_I X_I Y_I Z_I$ 到轨道坐标系 $O_o X_o Y_o Z_o$。

J2000 坐标系通过 3－2－1 旋转到轨道坐标系

$$\boldsymbol{C}_{oI} = C_x(u) C_y\left(i - \frac{\pi}{2}\right) C_z\left(\Omega - \frac{\pi}{2}\right)$$

$$= \begin{bmatrix} 1 & 0 & 0 \\ 0 & Cu & Su \\ 0 & -Su & Cu \end{bmatrix} \begin{bmatrix} Si & 0 & Ci \\ 0 & 1 & 0 \\ -Ci & 0 & Si \end{bmatrix} \begin{bmatrix} S\Omega & -C\Omega & 0 \\ C\Omega & S\Omega & 0 \\ 0 & 0 & 1 \end{bmatrix}$$

$$(2-5)$$

## 2.4　数学模型

一个系统的动态行为由一组合适的变量随时间的变化过程来描述，而表述这组变量之间因果关系的数学方程就称为系统数学模型。能否建立一个好的数学模型，其关键在于能否处理好两个矛盾因素，即精确与简单之间的关系。在实际工作中需要在复杂的、精度较高的模型和简单的、精度较低的模型之间取得一个平衡[116-117]。

面对一个实际对象抽象的数学模型，考虑系统所需要达到的要求，采用不同的方法，可以得到不同的形式。为此，本章对本文所需用到的数学模型进行一定的研究，并在复杂的、精度较高的模型和简单的、精度较低的模型之间进行了相应的折中，且该数学模型也是下文开展子星与目标在轨交会作业研究的数学基础。

### 2.4.1　动力学模型

#### 2.4.1.1　系统动力学模型

本节对本文所需用到的系统动力学模型进行了必要的推导，并对该动力学模型中 2 个奇点问题的解决方法进行了研究。

（1）系统动力学模型的建立

① 动能

考虑系绳上一小段微元 $\xi$，它相对于地心 $O$ 的位置矢量 $\boldsymbol{r}_\xi$ 可以写成如下形式：$\boldsymbol{r}_\xi = R\boldsymbol{j}_o + \xi\boldsymbol{e}_t$。将 $\boldsymbol{r}_\xi$ 对时间求导可得该微元的绝对速度为

$$\dot{\boldsymbol{r}}_\xi = \frac{\mathrm{d}(R\boldsymbol{j}_o + \xi\boldsymbol{e}_t)}{\mathrm{d}t} = \dot{R}\boldsymbol{j}_o + R\dot{\boldsymbol{j}}_o + \dot{\xi}\boldsymbol{e}_t + \xi\dot{\boldsymbol{e}}_t \quad (2-6)$$

根据 2.3.2.3 节的坐标转换关系可知 $\boldsymbol{e}_t$ 在 TSS 质心轨道坐标系下的表示为

$$\boldsymbol{e}_t = -S\beta\boldsymbol{i}_o + C\alpha C\beta\boldsymbol{j}_o + S\alpha C\beta\boldsymbol{k}_o \quad (2-7)$$

根据矢量运算关系得

$$\begin{cases} (\dot{\boldsymbol{j}}_o)_g = \dot{\theta}\boldsymbol{i}_g \times (\boldsymbol{j}_o)_g = -\dot{\theta}S\theta\boldsymbol{j}_g + \dot{\theta}C\theta\boldsymbol{k}_g \\[2mm] (\dot{\boldsymbol{e}}_t)_g = \underbrace{[(\dot{\theta}+\dot{\alpha})\boldsymbol{i}_g - \dot{\beta}S(\theta+\alpha)\boldsymbol{j}_g + \dot{\beta}C(\theta+\alpha)\boldsymbol{k}_g]}_{\omega} \times (\boldsymbol{e}_t)_g \\[2mm] \qquad = \{-\dot{\beta}C\beta\boldsymbol{i}_g - [\dot{\beta}C(\theta+\alpha)S\beta + (\dot{\theta}+\dot{\alpha})S(\theta+\alpha)C\beta]\boldsymbol{j}_g + \\[2mm] \qquad\quad [(\dot{\theta}+\dot{\alpha})C(\theta+\alpha)C\beta - \dot{\beta}S(\theta+\alpha)S\beta]\boldsymbol{k}_g\} \end{cases}$$
$$(2-8)$$

将式（2-8）代入式（2-6）整理可得系绳微元与地心的位置、速度为

$$\begin{cases} \boldsymbol{r}_\xi = -\xi S\beta\boldsymbol{i}_g + [RC\theta + \xi C(\theta+\alpha)C\beta]\boldsymbol{j}_g + [RS\theta + \xi S(\theta+\alpha)C\beta]\boldsymbol{k}_g \\[2mm] \dot{\boldsymbol{r}}_\xi = -(\dot{\xi}S\beta + \xi\dot{\beta}C\beta)\boldsymbol{i}_g + V_y\boldsymbol{j}_g + V_z\boldsymbol{k}_g \end{cases}$$
$$(2-9)$$

其中

$$\begin{cases} V_y = \dot{R}C\theta - R\dot{\theta}S\theta + \dot{\xi}C(\theta+\alpha)C\beta - \xi\dot{\beta}C(\theta+\alpha)S\beta - \xi(\dot{\theta}+\dot{\alpha})S(\theta+\alpha)C\beta \\[2mm] V_z = \dot{R}S\theta + R\dot{\theta}C\theta + \dot{\xi}S(\theta+\alpha)C\beta - \xi\dot{\beta}S(\theta+\alpha)S\beta + \xi(\dot{\theta}+\dot{\alpha})C(\theta+\alpha)C\beta \end{cases}$$

则系绳的动能 $T_3$ 为

$$T_3 = \frac{1}{2}\int_{sl1}^{sl2}\rho\dot{\boldsymbol{r}}_\xi \cdot \dot{\boldsymbol{r}}_\xi\mathrm{d}\xi \quad (2-10)$$

且

$$\dot{\boldsymbol{r}}_\xi \cdot \dot{\boldsymbol{r}}_\xi = \{\{2\,[\dot{\theta}R\dot{\xi} - \dot{R}\xi(\dot{\theta} + \dot{\alpha})\,]\,S\alpha + 2\,[\dot{R}\dot{\xi} + \dot{\theta}R\xi(\dot{\theta} + \dot{\alpha})\,]\,C\alpha\}C\beta -$$

$$2\xi\dot{\beta}\,[\dot{R}C\alpha + \dot{\theta}RS\alpha\,]\,S\beta + (\dot{\theta} + \dot{\alpha})^2\xi^2 C^2\beta + \xi^2\dot{\beta}^2 + \dot{R}^2 + \dot{\theta}^2 R^2 + \dot{\xi}^2\}$$

同理可求主星和子星的动能分别为

$$
\begin{cases}
T_1 = \dfrac{1}{2}m_1\{\{2\,[\dot{\theta}Rs\dot{l}_1 - \dot{R}sl_1(\dot{\theta} + \dot{\alpha})\,]\,S\alpha + 2\,[\dot{R}s\dot{l}_1 + \dot{\theta}Rsl_1(\dot{\theta} + \dot{\alpha})\,]\,C\alpha\}C\beta - \\[2mm]
\quad 2sl_1\dot{\beta}\,[\dot{R}C\alpha + \dot{\theta}RS\alpha\,]\,S\beta + (\dot{\theta} + \dot{\alpha})^2 sl_1^2 C^2\beta + sl_1^2\dot{\beta}^2 + \dot{R}^2 + \dot{\theta}^2 R^2 + s\dot{l}_1^2\} \\[3mm]
T_2 = \dfrac{1}{2}m_2\{\{2\,[\dot{\theta}Rs\dot{l}_2 - \dot{R}sl_2(\dot{\theta} + \dot{\alpha})\,]\,S\alpha + 2\,[\dot{R}s\dot{l}_2 + \dot{\theta}Rsl_2(\dot{\theta} + \dot{\alpha})\,]\,C\alpha\}C\beta - \\[2mm]
\quad 2sl_2\dot{\beta}\,[\dot{R}C\alpha + \dot{\theta}RS\alpha\,]\,S\beta + (\dot{\theta} + \dot{\alpha})^2 sl_2^2 C^2\beta + sl_2^2\dot{\beta}^2 + \dot{R}^2 + \dot{\theta}^2 R^2 + s\dot{l}_2^2\}
\end{cases}
$$

$$(2-11)$$

由系统质心定理可知 TSS 质心到主星和子星的距离 $l_1$ 和 $l_2$ 分别为

$$
\begin{cases}
l_1 = \dfrac{(m_2 + m_t/2)\,l}{M} \\[3mm]
l_2 = \dfrac{(m_1 + m_t/2)\,l}{M}
\end{cases}
\qquad (2-12)
$$

根据符号定义可得出 $sl_i$ 与 $l_i$ 满足下列关系

$$sl_i = (-1)^i \cdot l_i \qquad (2-13)$$

系统总动能 $T$ 为

$$T = T_1 + T_2 + T_3 \qquad (2-14)$$

将式（2-10）和式（2-11）代入式（2-14）并整理可得

$$T = \frac{1}{2}\left[\frac{m_1(m_2 + m_t)}{M}\right]\dot{l}^2 + \frac{1}{2}M^*l^2\,[\dot{\beta}^2 + (\dot{\theta}^2 + \dot{\alpha}^2)\,C^2\beta\,] +$$

$$\frac{1}{2}M(\dot{R}^2 + \dot{\theta}^2 R^2)$$

$$(2-15)$$

②势能

在 TSS 质心轨道坐标系下，将 TSS 质心到子星、主星和系绳上一小段微元 $\xi$ 的位置矢量表示为坐标形式 $\boldsymbol{l}_i = (x_i \quad y_i \quad z_i)^{\mathrm{T}}$，则

$$x_i = -sl_iS\beta \quad y_i = sl_iC\alpha C\beta \quad z_i = sl_iS\alpha C\beta$$

考虑系绳上一小段微元 $\xi$ ，它到地心的距离可表示为

$$r_3 = R\sqrt{(x_3/R)^2 + (1+y_3/R)^2 + (z_3R)^2}$$

则该段系绳的重力势能为

$$V_3 = -\mu\rho\,\mathrm{d}\xi/r_3 \qquad (2-16)$$

由本文的假设条件可知 $l_3 \ll R$ ，故式（2-16）的展开可略去 $x_3/R$ ，$y_3/R$ ，$z_3/R$ 的二次和二次以上的项，则

$$V_3 \approx -\frac{\mu\rho}{2R}\int_{sl1}^{sl2} [2 - 2(y_3/R) - (x_3/R)^2 - (z_3/R)^2 + 2(y_3/R)^2]\,\mathrm{d}\xi$$

$$(2-17)$$

同理可求主星和子星的重力势能 $V_1$ ，$V_2$ 分别为

$$\begin{cases} V_1 \approx -\dfrac{\mu m_1}{2R}[2 - 2(y_1/R) - (x_1/R)^2 - (z_1/R)^2 + 2(y_1/R)^2] \\[2mm] V_2 \approx -\dfrac{\mu m_2}{2R}[2 - 2(y_2/R) - (x_2/R)^2 - (z_2/R)^2 + 2(y_2/R)^2] \end{cases}$$

$$(2-18)$$

系统总势能 $V$ 为

$$V = V_1 + V_2 + V_3 \qquad (2-19)$$

将式（2-17）和式（2-18）代入式（2-19）并整理可得

$$V = -\mu M/R + \mu M^* l^2(1 - 3C^2\alpha C^2\beta)/(2R^3) \qquad (2-20)$$

③拉格朗日函数

取 Lagrange 函数为 $L = T - V$ ，则式（2-15）、式（2-20）可得

$$L = \frac{1}{2}[m_1(m_2 + m_t)/M]\dot{l}^2 + \frac{1}{2}M^* l^2[\dot{\beta}^2 + (\dot{\theta}^2 + \dot{\alpha}^2)C^2\beta] +$$

$$\frac{1}{2}M(\dot{R}^2 + \dot{\theta}^2R^2) + \mu M/R - \mu M^* l^2(1 - 3C^2\alpha C^2\beta)/(2R^3)$$

$$(2-21)$$

④系统动力学方程

由 Lagrange 方程，可得

$$\partial\,(\partial L/\partial\dot{q}_j\,)/\partial t-\partial L/\partial q_j=Q_{qj} \qquad (2-22)$$

取广义坐标 $q=(R\quad u\quad l\quad \alpha\quad \beta\quad)^{\mathrm{T}}$，则由 Lagrange 方程可得系统动力学方程为

$$\begin{cases}
\ddot{R}=\dot{\theta}^2 R-\dfrac{\mu}{R^2}+1.5\mu M^* l^2\,(1-3C^2\alpha C^2\beta\,)/(MR^4\,) \\[2mm]
\ddot{\theta}=-2\dot{\theta}\dot{R}/R+1.5\mu M^* l^2 S\,(2\alpha\,)C^2\beta/(MR^5\,) \\[2mm]
\ddot{l}=-\mu_1\dot{l}^2/l+\mu_2 l\,[\dot{\beta}^2+(\dot{\theta}+\dot{\alpha}\,)^2 C^2\beta+\mu\,(3C^2\alpha C^2\beta-1\,)/R^3\,]- \\[1mm]
\qquad T_t M/[m_1\,(m_2+m_t\,)\,] \\[2mm]
\ddot{\alpha}=-(\dot{\theta}+\dot{\alpha}\,)\,[(2+\mu_3\,)\dot{l}/l-2\dot{\beta}\tan\beta\,]-1.5\mu S\,(2\alpha\,)/R^3-\ddot{\theta}+ \\[1mm]
\qquad Q_\alpha/(M^* l^2 C^2\beta\,) \\[2mm]
\ddot{\beta}=-(2+\mu_3\,)\dot{l}\dot{\beta}/l-\dfrac{1}{2}\,(\dot{\theta}+\dot{\alpha}\,)^2\sin 2\beta-3\mu\cos^2\alpha\sin 2\beta/(2R^3\,)+ \\[1mm]
\qquad Q_\beta/(M^* l^2\,)
\end{cases}$$

$$(2-23)$$

方程（2 - 23）中的 $\mu_1=(2m_1-M\,)m_t/[2m_1\,(m_2+m_t\,)\,]$、$\mu_2=(m_2+m_t/2\,)/(m_2+m_t\,)$、$\mu_3=2\,[m_1\,(m_2+m_t/2\,)/(MM^*\,)-1]$

（2）动力学模型的分析

在该动力学模型中有两类奇点：$L=0$ 和 $C\beta=0$。$L=0$ 这一奇点表明当绳长十分接近 0 时，相对运动趋向不稳定。为避免这类奇点，本文在绳长值大于零时开始计算，用来解决这一奇点问题。第 2 类奇点问题出现在系绳的面内摆角方程中，当 $C\beta=0$ 时，$\alpha$ 变为不稳定，该奇点仅是数学模型上的问题，有的文献[24,28]中提出过通过两组欧拉角及相应运动方程组的转换来中克服奇点的困难，但该方法增添了算法的复杂性。本文在保证面内摆角控制精度的情况下，采用如下的方法来克服这一奇点问题：当 $|C\beta|\geqslant 10^{-4}$ 时，$\ddot{\alpha}$ 按方程（2 - 23）中的第 4 式来计算；当 $|C\beta|<10^{-4}$ 时，$\ddot{\alpha}$ 按式（2 - 24）来进行计算

$$\ddot{\alpha} = -(\dot{\theta}+\dot{\alpha})\ [(2+\mu_3)\dot{l}/l - 2\dot{\beta}\tan\beta] - 1.5\mu S(2\alpha)/R^3 - \ddot{\theta} +$$
$$Q_\alpha/(10^{-8} + M^* l^2)$$

$$(2-24)$$

### 2.4.1.2　姿态动力学模型

（1）姿态动力学模型的建立

姿态动力学和姿态控制有着极为密切的关系。姿态动力学提供被控对象的数学模型，直接影响控制系统的设计和性能。姿态控制系统在设计或飞行试验中发现的问题则成为姿态动力学发展的动力。航天器的姿态动力学和其体结构也有极为密切的联系，如惯量分布、挠性振型、液体推进剂贮箱的尺寸和安装位置等都直接影响卫星的姿态动力学特性。考虑到本文所需要进行姿态控制研究的子星质量不超过 100 kg，对于这样的航天器可以将其视为刚性体来对待，故本节着重对航天器的刚性姿态动力学模型进行介绍[118-119]。

航天器的刚体姿态动力学模型可由矢量力学法导出，即采用动力学基本定理给出系统动力学量与作用于该系统的力的关系，航天器结构示意图如图 2 - 2 所示。

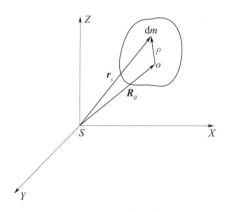

图 2 - 2　卫星的结构示意图

图 2 - 2 中的刚体 $A$ 上某微元体 d$m$ 在力矩 $\boldsymbol{M}_s$ 作用下，产生惯

性力 $a_s \mathrm{d}m$ ，惯性力对 $\mathrm{d}m$ 的矩为 $r_s \times a_s \mathrm{d}m$ 。其中： $M_s$ ， $r_s$ 和 $a_s$ 均表示在 $S$ 坐标系下的矢量（ $S$ 坐标系可以为上文的本文坐标系或与本体坐标系平行的坐标系），它们满足如下关系

$$\int r_s \times a_s \mathrm{d}m = M_s \qquad (2-25)$$

微元体 $\mathrm{d}m$ 的加速度 $a_s$ 可写成

$$a_s = \ddot{R}_s + \mathring{\ddot{r}}_s + 2\omega_s \times \mathring{\dot{r}}_s + \dot{\omega}_s \times r_s + \omega_s \times (\omega_s \times r_s)$$
$$(2-26)$$

式中 $\quad \omega_s$ ——刚体在质心惯性坐标系下的角速度。

$(\dot{\;\cdot\;})$ 和 $(\mathring{\;\cdot\;})$ 分别表示 $(\cdot)$ 在惯性和 $S$ 坐标系中对时间的导数。由于 $\mathrm{d}m$ 相对于 $S$ 是不动的（因为 $A$ 为刚体），所以 $\mathring{\ddot{r}}_s = \mathring{\dot{r}}_s = 0$ ，则式（2-26）可写成

$$a_s = \ddot{R}_s + \dot{\omega}_s \times r_s + \omega_s \times \omega_s \times r_s \qquad (2-27)$$

将式（2-27）代入式（2-25）并整理可得

$$\ddot{R}_s \int r_s \mathrm{d}m + \int r_s \times (\dot{\omega}_s \times r_s + \omega_s \times \omega_s \times r_s)\,\mathrm{d}m = M_s$$
$$(2-28)$$

当 $S$ 点与刚体 $A$ 的质心重合时，则 $\int r_s \mathrm{d}m = 0$ ，则可以得到著名的欧拉方程

$$J\dot{\omega}_s + \omega_s \times J\omega_s = M_s \qquad (2-29)$$

式中 $J$ 为刚性的惯性矩阵，其形式为

$$J = \begin{bmatrix} J_{xx} & -J_{xy} & -J_{xz} \\ -J_{xy} & J_{yy} & -J_{yz} \\ -J_{xz} & -J_{yz} & J_{zz} \end{bmatrix}$$

矩阵中对角线元素为刚体绕 $X$ ， $Y$ 和 $Z$ 轴的转动惯量，其他元素为惯性积，有

$$J_{xx} = \int (y^2 + z^2)\,\mathrm{d}m \;,\; J_{yy} = \int (x^2 + z^2)\,\mathrm{d}m \;,\; J_{zz} = \int (x^2 + y^2)\,\mathrm{d}m$$

$$J_{xy} = \int (xy)\,\mathrm{d}m \;,\; J_{yz} = \int (yz)\,\mathrm{d}m \;,\; J_{xz} = \int (xz)\,\mathrm{d}m$$

（2）姿态描述与运动学

①姿态描述

航天器的姿态是指航天器绕质心旋转运动的参量，它常用体坐标系相对某参考坐标系的方位或指向来描述。描述航天器姿态的参数有多种，如方向余弦、欧拉角、四元数和罗德里格斯参数（Rodrigues Parameters）等。本文采用四元数描述姿态运动，其原因是四元数描述的姿态运动学方程不会产生奇异，且四元数具有归一化的特性。

描述刚体定点转动的欧拉定理为：刚体绕固定点的任一角位移，可绕通过此点的某一轴转动一个角度而得到。根据欧拉定理，航天器本体坐标系相对目标本体坐标系的姿态可通过这两个坐标系公共原点的一根欧拉轴 $a = [a_1, a_2, a_3]^T$（$a$ 的长度取为 1）和绕 $a$ 轴的一个旋转角 $\vartheta$ 来描述。由此出发，定义

$$q_0 = C\frac{\vartheta}{2}, \quad q = \begin{bmatrix} q_1 \\ q_2 \\ q_3 \end{bmatrix} = a \cdot S\frac{\vartheta}{2} \qquad (2-30)$$

参数组（$q_0$，$q$）即为描述姿态的四元数，$q_0$ 是标量，$q$ 是矢量。显然，绕轴 $a$ 旋转角 $\vartheta$ 与绕轴 $a$ 旋转角 $2\pi - \vartheta$ 是等价的，这便导致了同一个姿态可有两组不同的四元数来描述，我们只需选择其中一组即可。

由式（2-30）可知，下面的约束关系成立：$q_0^2 + q^T q = 1$。则由四元数也可以方便地计算常用的方向余弦矩阵

$$\begin{aligned} C_b &= (q_0^2 - q^T q)I + 2qq^T - 2q_0[q^\times] \\ &= \begin{bmatrix} 1 - 2(q_2^2 + q_3^2) & 2(q_1 q_2 + q_3 q_0) & 2(q_1 q_3 - q_2 q_0) \\ 2(q_1 q_2 - q_3 q_0) & 1 - 2(q_3^2 + q_1^2) & 2(q_2 q_3 + q_1 q_0) \\ 2(q_3 q_1 + q_2 q_0) & 2(q_3 q_2 - q_1 q_0) & 1 - 2(q_1^2 + q_2^2) \end{bmatrix} \end{aligned}$$

$$(2-31)$$

其中 $I$ 为 $3 \times 3$ 单位阵，对任意的 $q = \begin{bmatrix} q_1 & q_2 & q_3 \end{bmatrix}^T$，有

$$[\boldsymbol{q}^{\times}] = \begin{bmatrix} 0 & -q_3 & q_2 \\ q_3 & 0 & -q_1 \\ -q_2 & q_1 & 0 \end{bmatrix}$$

若坐标系 $\boldsymbol{C}_b$ 相对于某一坐标系 $\boldsymbol{C}_c$ 的姿态 $\boldsymbol{C}_{bc}$ 由 $(q_0,\ \boldsymbol{q})$ 描述，$\boldsymbol{C}_c$ 相对于某一坐标系 $\boldsymbol{C}_d$ 的姿态 $\boldsymbol{C}_{cd}$ 由 $(q'_0,\ \boldsymbol{q}')$ 描述，$\boldsymbol{C}_b$ 相对于 $\boldsymbol{C}_d$ 的姿态 $\boldsymbol{C}_{bd}$ 由 $(q''_0,\ \boldsymbol{q}'')$ 描述，则下面的四元数关系成立[118]

$$q''_0 = q_0 q'_0 - \boldsymbol{q}^{\mathrm{T}} \boldsymbol{q}' \qquad (2-32)$$

$$\boldsymbol{q}'' = q_0 \boldsymbol{q}' + q'_0 \boldsymbol{q} - [\boldsymbol{q}^{\times}] \boldsymbol{q}' \qquad (2-33)$$

②姿态运动学

姿态动力学研究作用力矩与旋转运动参量（姿态角、姿态角速度、姿态角加速度）、运动体的力学特征量间的动态平衡关系。姿态运动学仅在于旋转运动变量的自身性质研究，而不涉及产生运动的原因。

本节将对本文将用到的姿态运动学模型进行必要的叙述。设航天器的角速度（变量均为航天器体坐标系下的表示）为 $\boldsymbol{\omega}_{ba}(t)$，$a$ 为参考坐标系，可以为地心惯性坐标系，航天器轨道坐标系或近拱点坐标系。姿态从 $t$ 时刻变化到 $t + \Delta t$ 时刻（$\Delta t$ 充分小），则四元数从 $(q_0(t),\ \boldsymbol{q}(t))$ 变化为以下表达式

$$q_0(t + \Delta t) = q_0(t) - \frac{1}{2}\Delta t \cdot \boldsymbol{\omega}_{ba}^{\mathrm{T}}(t)\boldsymbol{q}(t) + o(\Delta t)$$

$$\boldsymbol{q}(t + \Delta t) = \frac{1}{2}\Delta t \cdot q_0(t)\boldsymbol{\omega}_{ba}(t) + \boldsymbol{q}(t) - \frac{1}{2}\Delta t \cdot [\boldsymbol{\omega}_{ba}(t)]^{\times} \boldsymbol{q}(t) + o(\Delta t)$$

$o(\Delta t)$ 和 $o(\Delta t)$ 是高阶小量。故

$$\dot{q}_0(t) = \lim_{\Delta t \to 0} \frac{q_0(t + \Delta t) - q_0(t)}{\Delta t} = -\frac{1}{2}\boldsymbol{q}^{\mathrm{T}}(t)\boldsymbol{\omega}_{ba}(t)$$

$$(2-34)$$

$$\dot{\boldsymbol{q}}(t) = \lim_{\Delta t \to 0} \frac{\boldsymbol{q}(t + \Delta t) - \boldsymbol{q}(t)}{\Delta t} = \frac{1}{2}(q_0(t)\boldsymbol{I} + [\boldsymbol{q}(t)]^{\times})\boldsymbol{\omega}_{ba}(t)$$

$$(2-35)$$

## 2.4.2　相对运动分析

### 2.4.2.1　相对动力学描述

当地球引力场为中心引力场时，主星或子星与目标航天器在地球引力作用下的动力学方程表达式分别为

$$\begin{cases} \ddot{\boldsymbol{r}}_i = -\mu \boldsymbol{r}_i / r_i^3 + \boldsymbol{a}_i \\ \ddot{\boldsymbol{r}}_p = -\mu \boldsymbol{r}_p / r_p^3 + \boldsymbol{a}_p \end{cases} \tag{2-36}$$

其中，$\boldsymbol{a}_p$ 和 $\boldsymbol{a}_i$ 分别表示目标航天器和主星或子星所受的除地球中心引力之外所有作用的合力产生的角速度矢量。由方程（2-36）可得目标航天器指向主星或子星的矢量 $\boldsymbol{r}_{ip}$ 可表示为

$$\ddot{\boldsymbol{r}}_{ip} = \mu r_p / r_p^3 - \mu \boldsymbol{r}_i / r_i^3 + \boldsymbol{a}_i - \boldsymbol{a}_p \tag{2-37}$$

### 2.4.2.2　相对运动学模型

由式（2-5）的坐标转换关系可求出主星或子星与目标的相对位置在目标航天器轨道坐标系下的分量为

$$\boldsymbol{r}_{ip} = C\boldsymbol{r}_{gi} - \boldsymbol{r}_p \tag{2-38}$$

主星或子星与目标的相对位置在目标航天器轨道坐标系下的分量为

$$\dot{\boldsymbol{r}}_{ip} = C\boldsymbol{v}_{gi} - \dot{\boldsymbol{r}}_p \tag{2-39}$$

式（2-38）和式（2-39）中的 $C = C_x(u_p)C_y(i_p - \pi/2)C_z(\Omega_p - \Omega)C_y(\pi/2 - i)C_x(-\vartheta)$。此时，TSS 与目标的几何关系如图 2-3 所示。

式（2-38）和式（2-39）中的 $\boldsymbol{r}_{gi}$ 和 $\boldsymbol{v}_{gi}$ 是指子星未释放时，主星或子星在近拱点坐标系下的位置和速度，其大小可按如下的方法进行求取。子星未释放时，主星或子星到地心的位置和速度分别为

$$\begin{cases} \boldsymbol{r}_i = R\boldsymbol{j}_o + l_i\boldsymbol{e}_t \\ \boldsymbol{v}_i = \dot{R}\boldsymbol{j}_o + R\dot{\boldsymbol{j}}_o + \dot{l}_i\boldsymbol{e}_t + l_i\dot{\boldsymbol{e}}_t \end{cases} \tag{2-40}$$

由 2.3.2.3 节中的坐标转换关系得 $\boldsymbol{e}_t$ 在近拱点坐标系的矢量可表示为

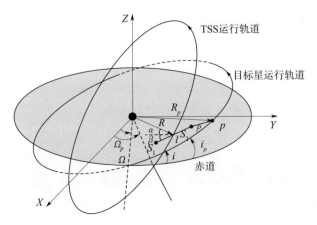

图 2 - 3　TSS 与目标的几何关系

$$\begin{cases} l_i(\boldsymbol{e}_t)_g = s\,l_i \cdot [-S\beta\boldsymbol{i}_g + C(\theta+\alpha)C\beta\boldsymbol{j}_g + S(\theta+\alpha)C\beta\boldsymbol{k}_g] \\ \dot{l}_i(\boldsymbol{e}_t)_g = s\,\dot{l}_i \cdot [-S\beta\boldsymbol{i}_g + C(\theta+\alpha)C\beta\boldsymbol{j}_g + S(\theta+\alpha)C\beta\boldsymbol{k}_g] \\ (\boldsymbol{j}_o)_g = C\theta\boldsymbol{j}_g + S\theta\boldsymbol{k}_g \end{cases}$$

$$(2-41)$$

由矢量的运算关系可得

$$\begin{cases} (\dot{\boldsymbol{j}}_o)_g = \dot{\theta}\boldsymbol{i}_g \times (\boldsymbol{j}_o)_g = -\dot{\theta}S\theta\boldsymbol{j}_g + \dot{\theta}C\theta\boldsymbol{k}_g \\ l_i(\dot{\boldsymbol{e}}_t)_g = \underbrace{[(\dot{\theta}+\dot{\alpha})\boldsymbol{i}_g - \dot{\beta}S(\theta+\alpha)\boldsymbol{j}_g + \dot{\beta}C(\theta+\alpha)\boldsymbol{k}_g]}_{\omega} \times (\boldsymbol{e}_t)_g \\ \quad = sl_i \cdot \{-\dot{\beta}C\beta\boldsymbol{i}_g - [\dot{\beta}C(\theta+\alpha)S\beta + (\dot{\theta}+\dot{\alpha})S(\theta+\alpha)C\beta]\boldsymbol{j}_g + \\ \qquad [(\dot{\theta}+\dot{\alpha})C(\theta+\alpha)C\beta - \dot{\beta}S(\theta+\alpha)S\beta]\boldsymbol{k}_g\} \end{cases}$$

$$(2-42)$$

联立式（2-40）、式（2-41）和式（2-42）可得主星或子星到地心的位置、速度在近拱点坐标系的矢量为

$$\begin{cases} \boldsymbol{r}_{gi} = -sl_iS\beta i_g + [RC\theta + sl_iC(\theta+\alpha)C\beta]\boldsymbol{j}_g + \\ \qquad [RS\theta + sl_iS(\theta+\alpha)C\beta]\boldsymbol{k}_g \\ \boldsymbol{v}_{gi} = -(s\dot{l}_iS\beta + sl_i\dot{\beta}C\beta)\boldsymbol{i}_g + V_y\boldsymbol{j}_g + V_z\boldsymbol{k}_g \end{cases}$$

$$(2-43)$$

式（2-43）中的 $V_y$ 和 $V_z$ 的表达式为

$$\begin{cases} V_y = \dot{R}C\theta - R\dot{\theta}S\theta + s\,\dot{l}_iC(\theta+\alpha)C\beta - s\,l_i\dot{\beta}C(\theta+\alpha)S\beta - \\ \qquad s\,l_i(\dot{\theta}+\dot{\alpha})S(\theta+\alpha)C\beta \\ V_z = \dot{R}S\theta + R\dot{\theta}C\theta + s\,\dot{l}_iS(\theta+\alpha)C\beta - s\,l_i\dot{\beta}S(\theta+\alpha)S\beta + \\ \qquad s\,l_i(\dot{\theta}+\dot{\alpha})C(\theta+\alpha)C\beta \end{cases}$$

由式（2-43）得子星释放时主星或子星的质心与地心之间距离和速率的平方为

$$\begin{cases} r_i^2 = l_i^2 + R^2 + 2Rl_iC\alpha C\beta \\ v_i^2 = \{2[\dot{\theta}Rl_i - \dot{R}l_i(\dot{\theta}+\dot{\alpha})]S\alpha + 2[\dot{R}\dot{l}_i + \dot{\theta}Rl_i(\dot{\theta}+\dot{\alpha})]C\alpha\}C\beta - \\ \qquad 2l_i\dot{\beta}[\dot{R}C\alpha + \dot{\theta}RS\alpha]S\beta + (\dot{\theta}+\dot{\alpha})^2l_i^2C^2\beta + l_i^2\dot{\beta}^2 + \dot{R}^2 + \dot{\theta}^2R^2 + \dot{l}_i^2 \end{cases}$$

$$(2-44)$$

当系绳的面外摆角和面外摆角的角速率为 0 时，式（2-43）可进一步写成

$$\begin{cases} \boldsymbol{r}_{gi} = [RC\theta + sl_iC(\theta+\alpha)]\boldsymbol{j}_g + [RS\theta + sl_iS(\theta+\alpha)]\boldsymbol{k}_g \\ \boldsymbol{v}_{gi} = [\dot{R}C\theta - R\dot{\theta}S\theta + s\,\dot{l}_i \cdot C(\theta+\alpha) - s\,l_i \cdot (\dot{\theta}+\dot{\alpha})S(\theta+\alpha)]\boldsymbol{j}_g + \\ \qquad [\dot{R}S\theta + R\dot{\theta}C\theta + s\,\dot{l}_i \cdot S(\theta+\alpha) + s\,l_i \cdot (\dot{\theta}+\dot{\alpha})C(\theta+\alpha)]\boldsymbol{k}_g \end{cases}$$

$$(2-45)$$

由式（2-45）可得此时主星和子星的质心与地心之间距离和速率的平方分别为

$$
\begin{cases}
r_i^2 = sl_i^2 + R^2 + 2Rsl_iC\alpha \\
v_i^2 = \{2[\dot{\theta}Rs\dot{l}_i - \dot{R}sl_i(\dot{\theta} + \dot{\alpha})]S\alpha + 2[\dot{R}s\dot{l}_i + \dot{\theta}Rsl_i(\dot{\theta} + \dot{\alpha})]C\alpha\} + \\
\quad (\dot{\theta} + \dot{\alpha})^2 sl_i^2 + \dot{R}^2 + \dot{\theta}^2R^2 + s\dot{l}_i^2
\end{cases}
$$

$$(2-46)$$

若 TSS 质心与目标质心轨道共面时，主星或子星相对于目标的位置在目标航天器轨道坐标系下的位置矢量为

$$
\begin{cases}
x = 0 \\
y = RC(u - u_p) + sl_iC(\alpha + u - u_p) - R_p \\
z = RS(u - u_p) + sl_iS(\alpha + u - u_p)
\end{cases}
\quad (2-47)
$$

由式（2-39）可得主星或子星相对目标的速度在目标质心轨道坐标系的分量为

$$
\begin{cases}
\dot{x} = 0 \\
\dot{y} = \dot{R}C(u - u_p) + s\dot{l}_iC(u + \alpha - u_p) - sl_i(\dot{\theta} + \dot{\alpha})S(u + \alpha - u_p) - \\
\quad \dot{\theta}RS(u - u_p) - \dot{R}_p \\
\dot{z} = \dot{R}S(u - u_p) + s\dot{l}_iS(u + \alpha - u_p) + sl_i(\dot{\theta} + \dot{\alpha})C(u + \alpha - u_p) + \\
\quad \dot{\theta}RC(u - u_p) - \dot{\theta}_pR_p
\end{cases}
$$

$$(2-48)$$

## 2.5　稳定性理论

### 2.5.1　基本知识

定义如下的非线性系统

$$\dot{x} = f(x, t) \qquad (2-49)$$

式中　$f$ —— $n \times 1$ 维非线性矢量函数；

　　　$x$ —— $n \times 1$ 维状态矢量。

**定义 2-1**　若 $f$ 不显含时间，则该非线性系统称为自治系统。即，系统的状态方程可写成 $\dot{x} = f(x)$ 的形式。否则，该系统称为非

自治系统，如式（2 - 49）所示。

由 2.4.1 节和定义 2 - 1 可知：本文所研究的系统为自治系统。为此下文给出本文控制器设计中有关自治系统方面的知识[120-123]。

**定义 2 - 2**　若存在状态变量 $x^*$ 使得自治系统中 $f(x^*) = 0$，则称 $x^*$ 为系统的平衡状态（平衡点）。

为方便起见，在下文定义和定理的叙述中，均假设系统的平衡点为状态空间的原点。这样做不失一般性，因为经过变量变换总可以把平衡点变换为原点。如当 $x^* \neq 0$ 时，记 $y = x - x^*$，则 $y$ 的导数满足 $\dot{y} = \dot{x} = f(y + x^*)$。令 $h(y) = f(y + x^*)$，可得 $h(0) = f(0 + x^*) = 0$，这说明对于新变量 $y$，系统的平衡点在原点。

**定义 2 - 3**　对于任意的 $\varepsilon > 0$，总有一小数 $\delta(\varepsilon) > 0$，使得当 $\| x(t_0) \| < \delta$ 时，必有 $\| x(t) \| < \varepsilon$，$\forall t \geqslant t_0$，则称该系统在原点处是稳定的。

**定义 2 - 4**　若系统在原点处稳定，且 $\lim\limits_{t \to \infty} \| x(t) \| = 0$，则称该系统在原点处是渐近稳定的。

**定义 2 - 5**　若定义 2 - 4 中的 $\delta(\varepsilon)$ 是整个状态空间，则称系统在原点处是全局渐近稳定的。

**定义 2 - 6**　对于方程 $\dot{x} = f(x)$ 的原点，如果存在正常数 $c$，$k$ 和 $\lambda$，使得当 $\| x(t_0) \| < c$ 时，必有 $\| x(t) \| \leqslant k \| x(t_0) \| e^{-\lambda(t-t_0)}$，则称系统在原点处是指数稳定的。如果对于任意初始状态 $x(t_0)$ 都成立，则称系统在原点处是全局指数稳定的。

**定理 2 - 1**　如果系统在原点的邻域内存在一阶连续偏导数的标量函数 $V(x)$，当 $V(x) > 0$，$\dot{V}(x) \leqslant 0$ 时，则称系统在原点处是稳定的。

**定理 2 - 2**　若定理 2 - 1 中的 $\dot{V}(x) < 0$（即除 $\dot{V}(0) = 0$ 外，对于 $x$ 的其他点都有 $\dot{V}(x) < 0$），则称该系统在原点处是渐近稳定的。

**定理 2 - 3**　若存在一个具有一阶连续偏导数的标量函数 $V(x)$，当 $V(x) > 0$、$\dot{V}(x) < 0$（即除 $\dot{V}(0) = 0$ 外，对于 $x$ 的其他点都有

$\dot{V}(x) < 0$ 且 $x(t) \to \infty$ 时可推出 $V(x) \to \infty$，则称系统在原点处是全局渐近稳定的。

**定义 2 - 7**　寻求一个控制，使系统输出在给定的初始条件下，能渐近地收敛到指定的参考函数，则称此类问题为轨迹跟踪控制问题。

### 2.5.2　系统平衡状态

在研究 TSS 运动稳定性时，很多文献假设 TSS 质心运行在圆轨道上且忽略系绳质量[124-126]，以此得出系统存在平衡状态的条件是 $|\dot{l}/(\omega l)| < 0.75$。为使所研究的结论更具一般性，本节对 TSS 平衡状态的研究考虑了系绳的质量，且 TSS 质心在圆或椭圆轨道上运动。

#### 2.5.2.1　平衡状态存在的条件

本节稳定性分析只考虑重力梯度力影响，不考虑其他外界力影响，即面内和面外摆角方向的作用力均为 0，由式（2 - 23）可得系绳面内和面外摆角的运动方程为

$$\begin{cases} \ddot{\alpha} = -(\dot{\theta} + \dot{\alpha})\,[(2 + \mu_3)\,\dot{l}/l - 2\dot{\beta}\tan\beta] - 1.5\mu S(2\alpha)/R^3 - \ddot{\theta} \\ \ddot{\beta} = -(2 + \mu_3)\,\dot{\beta}\dot{l}/l - 0.5(\dot{\theta} + \dot{\alpha})^2 S(2\beta) - 1.5\mu C^2\alpha S(2\beta)/R^3 \end{cases}$$

$$(2 - 50)$$

当 TSS 位于圆或椭圆轨道上某一点时，设在其领域内系统的平衡状态为 $X_e = (\alpha_e, \beta_e)^T$，则在该领域内对于平衡状态 $X_e$，有 $\ddot{X}_e = \dot{X}_e = 0$，故式（2 - 50）可写成

$$S(2\alpha_e) = \frac{2R^3}{3\mu}\left[\frac{2e\dot{\theta}^2 S\theta}{1 + eC\theta} - (2 + \mu_3)\frac{\dot{l}}{l}\dot{\theta}\right] -$$
$$\dot{\theta}^2 S(2\beta_e) - \frac{3\mu C^2\alpha_e S(2\beta_e)}{R^3} = 0 \qquad (2 - 51)$$

由式（2 - 51）可得面外摆角在平衡状态上满足：$S(2\beta_e) = 0$。考

虑到面外摆角为 $\beta \in [-\pi/2，\pi/2]$ ，则面外摆角在平衡状态上只存在以下 3 种情况：即 $\beta_e = 0，\pm\pi/2$。

根据 TSS 质心运动学关系可得 TSS 质心与地心距的关系满足[119]

$$R = p/(1+eC\theta) \qquad (2-52)$$

TSS 真近点角 $\theta$ 为

$$\dot{\theta} = \sqrt{\mu/p^3}(1+eC\theta)^2 \qquad (2-53)$$

将式（2-52）和式（2-53）代入式（2-51）并整理可得

$$S(2\alpha_e) = \frac{2}{3}\{2eS\theta - \dot{i}(2+\mu_3)(1-e^2)^{3/2}/[\overline{\omega}l(1+eC\theta)]\}$$
$$(2-54)$$

式中　$\overline{\omega} = \sqrt{\mu/a^3}$ ——椭圆轨道的平均角速率。

由正弦函数的性质可知 $|S(2\alpha_e)| \leqslant 1$，则 $\alpha$ 方向存在平衡状态的条件是

$$-1 \leqslant \frac{2}{3}\{2eS\theta - \dot{i}(2+\mu_3)(1-e^2)^{3/2}/[\overline{\omega}l(1+eC\theta)]\} \leqslant 1$$
$$(2-55)$$

即

$$-\frac{(1.5-2eS\theta)(1+eC\theta)}{(1-e^2)^{\frac{3}{2}}} \leqslant (2+\mu_3)\frac{\dot{i}}{\overline{\omega}l} \leqslant \frac{(1.5+2eS\theta)(1+eC\theta)}{(1-e^2)^{3/2}}$$
$$(2-56)$$

对于系绳释放运动模式，$\dot{i} > 0$，由式（2-56）可得

$$0 < (2+\mu_3)\dot{i}/(\overline{\omega}l) \leqslant (1.5+1.5eC\theta+2eS\theta+2e^2S\theta C\theta)/(1-e^2)^{3/2}$$
$$(2-57)$$

对于系绳回收运动模式，$\dot{i} < 0$，由式（2-56）可得

$$\frac{(-1.5-1.5eC\theta+2eS\theta+2e^2S\theta C\theta)}{(1-e^2)^{\frac{3}{2}}} \leqslant \frac{(2+\mu_3)\dot{i}}{(\overline{\omega}l)} < 0$$
$$(2-58)$$

令

$$F_1(\theta) = 1.5 + 1.5eC\theta + 2eS\theta + 2e^2 S\theta C\theta \qquad (2-59)$$

$$F_2(\theta) = -1.5 - 1.5eC\theta + 2eS\theta + 2e^2 S\theta C\theta \qquad (2-60)$$

由式（2-57）和式（2-58）可得：为使 TSS 质心在轨道上的任意一点运动时面内摆角均存在平衡状态，则 TSS 质心运行轨道的偏心率应满足 $0 \leqslant e < 0.75$，且对于展开和回收模式分别有

$$0 < \frac{(2+\mu_3)i}{(\varpi l)} \leqslant \left[\frac{F_1(\theta)}{(1-e^2)^{3/2}}\right]_{\min} \qquad (2-61)$$

$$\left[\frac{F_2(\theta)}{(1-e^2)^{\frac{3}{2}}}\right]_{\max} \leqslant \frac{(2+\mu_3)i}{(\varpi l)} < 0 \qquad (2-62)$$

式（2-61）和式（2-62）中的 $i$ 即为系统存在平衡状态的条件。分析式（2-61）和式（2-62）可知：在 TSS 质心轨道的近地点高度和系绳长度相等的情况下，当 TSS 运行轨道为圆轨道时，平衡条件的范围最广，即如定理 2-4 所述。

**定理 2-4**　在 TSS 质心轨道的近地点高度和系绳长度均相同的情况下，当系绳释放或回收时，平衡条件 $i$ 范围最广的充要条件是 TSS 运行的轨道为圆轨道。

证明：$\Rightarrow$，由式（2-59）和式（2-60）可知：对于 $e \in (0, 0.75]$ 的情况，当 $C\theta = -1$，$|F_1(\theta)|$ 和 $|F_2(\theta)|$ 均为最小值，且 $0 < e(2 - 2e^2 - e^3) = (1+e)^3(1-e) - 1$，则

$$\begin{cases} 1.5(1-e)/(1-e^2)^{3/2} < 1.5 \\ -1.5(1-e)/(1-e^2)^{3/2} > -1.5 \end{cases} \qquad (2-63)$$

这说明与 $e = 0$ 的情况相比，当 TSS 偏心率 $e \in (0, 0.75]$ 时，平衡条件的范围将缩短，故充分条件成立。

$\Leftarrow$（反证法），假设此时 TSS 轨道的偏心率 $e \neq 0$。我们仍取 $C\theta = -1$，$e \in (0, 0.75]$ 可得式（2-62）的结果，这与假设的条件相矛盾，故必要条件成立。　　　　　　　　　　　　　△

由式（2-61）和式（2-62）可知：在 TSS 质心轨道的近地点

高度和系绳长度均相同的情况下，对平衡条件 $i$ 范围的分析，可转换为对 $F_1(\theta)$ 极小值和 $F_2(\theta)$ 极大值的分析。

当 $e \neq 0$ 时，极值点 $\theta^*$ 的求法可先由 $\dfrac{\mathrm{d}F_1(\theta)}{\mathrm{d}\theta}=0[\mathrm{d}F_2(\theta)/\mathrm{d}\theta=0$，系绳回收时] 得出 $\theta$ 的值，再通过对其求二阶导数来判定 $F''_1(\theta)>0[F''_2(\theta)<0$，系绳回收时] 来得出 $\theta^*$ 的值，进而求出系绳释放（或回收）时的平衡条件。

当 $e$ 在 $[0，0.75]$，$\theta$ 在 $[-\pi，\pi]$ 变化时，$F_1(\theta)$ 和 $F_2(\theta)$ 变化如图 2-4 和图 2-5 所示。图 2-4 和图 2-5 的 $e$ 轴均表示偏心率 $e$ 从 $[0，0.75]$ 的变化值，$\theta$ 轴均表示 TSS 运行到轨道上任意一点时真近角的变化值，其大小变化从 $[-\pi，\pi]$，$F_1(\theta)$ 和 $F_2(\theta)$ 轴分别表示系绳释放和回收时平衡条件的变化。

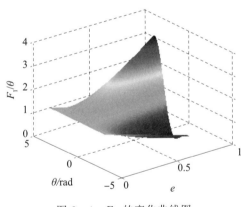

图 2-4　$F_1$ 的变化曲线图

从图 2-4 和图 2-5 看：$F_1(\theta)$ 的值不小于 0，$F_2(\theta)$ 的值不大于 0，这表明：当 $e$ 在 $[0，0.75)$，$\theta$ 在 $[-\pi，\pi]$ 变化时，TSS 在轨道上任意一点运动时系统都存在平衡状态，且随着 $e$ 的增大，平衡条件的范围将缩短，其变化趋势如图 2-6 和图 2-7 所示。

图 2-6 和图 2-7 横坐标均表示偏心率 $e$ 在 $[0，0.75]$ 的变化值，纵坐标分别表示系绳释放和回收时平衡状态条件所能达到的最

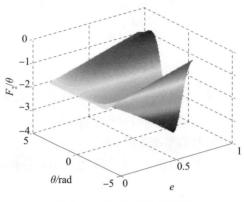

图 2 - 5　$F_2$ 的变化曲线图

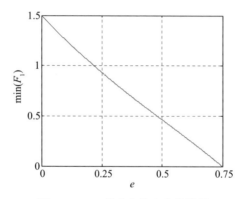

图 2 - 6　$F_1$ 最小值的变化曲线图

小值和最大值。图 2 - 6 和图 2 - 7 表明：随着偏心率 $e$ 的增加，不管是系绳释放还是回收阶段，平衡条件 $i$ 的范围均减小，且当 $e \geqslant 0.75$ 时，不管是系绳的释放还是回收阶段都不存在平衡状态，与前面的理论分析结果相一致。

由式（2 - 54）可得留位时 $\alpha$ 方向存在平衡状态的条件是：$|S(2\alpha_e)| = |4eS\theta/3| \leqslant 1$。此时只需保证 TSS 质心轨道偏心率满足 $0 \leqslant e \leqslant 0.75$ 即可。

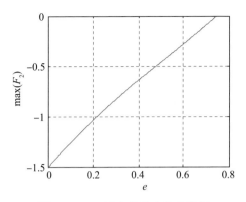

图 2 - 7 $F_2$ 最大值的变化曲线图

## 2.5.2.2 平衡状态稳定性分析

由稳定性知识可知并不是所有的平衡状态都是稳定的，为此需要对上节的平衡状态进行稳定性分析。将式（2 - 50）在平衡状态 $X_e$ 附近展开成泰勒级数，并忽略二阶小量，可得关于 $\Delta X$ 的小偏差线性运动方程

$$\begin{cases} \Delta\ddot{\alpha} = -\Delta\dot{\alpha}(2+\mu_3)\dot{\theta}\dot{l}/l - 3\mu C(2\alpha_e)\Delta\alpha/R^3 \\ \Delta\ddot{\beta} = -(2+\mu_3)\Delta\dot{\beta}\dot{l}/l - C(2\beta_e)(\dot{\theta}^2 + 3\mu C^2\alpha_e/R^3)\Delta\beta \end{cases}$$

$$(2-64)$$

其特征方程为

$$\begin{cases} \lambda^2 + (2+\mu_3)\dot{\theta}\lambda\dot{l}/l + 3\mu C(2\alpha_e)/R^3 = 0 \\ \lambda^2 + (2+\mu_3)\lambda\dot{l}/l + C(2\beta_e)(\dot{\theta}^2 + 3\mu C^2\alpha_e/R^3) = 0 \end{cases} \quad (2-65)$$

由（2 - 64）式可得特征根分别为

$$\lambda(1,2) = -[(1+\mu_3/2)\dot{\theta}\dot{l}/l] \pm \sqrt{[(1+\mu_3/2)\dot{\theta}\dot{l}/l]^2 - 3\mu C(2\alpha_e)/R^3}$$

$$(2-66)$$

$$\lambda(3,4) = -[(1+\mu_3/2)\dot{\theta}\dot{l}/l] \pm$$

$$\sqrt{[(1+\mu_3/2)\dot{\theta}\dot{l}/l]^2 - C(2\beta_e)(\dot{\theta}^2 + 3\mu C^2\alpha_e/R^3)}$$

$$(2-67)$$

根据线性系统稳定性知识可知：特征方程的根实部均为负时，平衡状态才是稳定的。故可得如下结论：1) 对于回收模式，系统是不稳定的；2) 对于系绳释放和留位模式，满足 $C(2\alpha_e) > 0$、$C(2\beta_e) > 0$ 条件的平衡状态是稳定的；3) 对于系绳释放模式，若满足 $\Delta_1 < 0$，$\Delta_2 < 0$ 条件，则平衡状态也是稳定的。$\Delta_1$ 和 $\Delta_2$ 分别为

$$\begin{cases} \Delta_1 = [(1+\mu_3/2)\,\dot{\theta} \dot{l}/l]^2 - 3\mu C(2\alpha_e)/R^3 \\ \Delta_2 = [(1+\mu_3/2)\,\dot{\theta} \dot{l}/l]^2 - C(2\beta_e)(\dot{\theta}^2 + 3\mu C^2\alpha_e/R^3) \end{cases}$$

$$(2-68)$$

对于系绳释放时面外摆角在平衡状态下的稳定性显然存在如下关系：当 $\beta_e = 0$ 时，满足 $C(2\beta_e) > 0$；当 $\beta_e = \pm\pi/2$，不满足 $C(2\beta_e) > 0$。

下面对系绳释放时面内摆角平衡状态的稳定性进行研究，由式 $(2-57)$ 可得存在平衡状态的条件，且 $e < 0.75$。则由式 $(2-54)$ 和式 $(2\ 57)$ 可得

$$-1 \leqslant S(2\alpha_e) < 4eS\theta/3 \qquad (2-69)$$

式 $(2-69)$ 表明系绳释放时 $\alpha_e$ 位于 $[0.5\pi + 0.5aS(4e/3)$，$\pi - 0.5aS(4e/3)]$ 和 $[1.5\pi + 0.5aS(4e/3)$，$2\pi - 0.5aS(4e/3)]$ 区间内。

由前面的稳定性分析可知欲实现系统的稳定，则面内摆角的平衡状态应满足 $C(2\alpha_e) > 0$，故可得面内摆角的稳定平衡状态位于 $\left[\dfrac{3\pi}{4}, \pi - 0.5aS\left(\dfrac{4e}{3}\right)\right]$ 和 $\left[\dfrac{7\pi}{4}, 2\pi - 0.5aS\left(\dfrac{4e}{3}\right)\right]$ 区间内。另一方面当平衡状态满足 $\Delta_1 < 0, \Delta_2 < 0$ 时，联立式 $(2-54)$、式 $(2-57)$ 和式 $(2-68)$ 可得

$$C(2\alpha_e) > (0.75 + eS\theta)(1 + eC\theta) \qquad (2-70)$$

考虑到 TSS 在椭圆轨道上运动存在平衡状态的条件是 $e < 0.75$，则由式 $(2-70)$ 可得：$C(2\alpha_e) > 0$。此时，面内摆角的稳定平衡状态仍位于 $[3\pi/4, \pi - 0.5aS(4e/3)]$ 和 $[7\pi/4, 2\pi - 0.5aS(4e/3)]$ 的区间内。

## 2.6　本章小结

　　本章重点对本文所需用到的基本假设和相关定义、动力学模型的建立、运动学模型的建立以及稳定性理论进行了相应的概括、推导与总结，是本文分析和研究绳系卫星交会技术的基础部分。

　　在给出本文的假设以及术语和符号定义后，对数学模型中所需的坐标系定义进行了介绍，且给出它们之间的转换关系，其次，对系统动能和势能的表达式进行了推导，进而得出系统动力学模型，并给出了动力学模型中奇点问题的解决方法，接着，在对姿态动力学模型的构建和姿态的描述及其运动学进行简单介绍之后，建立了主星/子星与目标的相对运动模型，最后，对本文所需用到的稳定性定义和定理进行了概括与总结，且在考虑系绳的质量以及 TSS 质心轨道为非圆轨道的情况下对 TSS 平衡状态存在的条件及其稳定性进行了深入的研究，并给出了平衡状态和稳定平衡状态存在的条件。

# 第 3 章 交会任务及其制导与控制策略的分析与设计

## 3.1 引言

绳系卫星的众多特点使其在空间交会应用中发挥出不可低估的作用。然而，不同的交会任务和制导与控制策略，其制导与控制的方法也是不同的，为此，本章将对本文交会任务和制导与控制策略进行设计，包括以下 3 部分内容：子星与共面/异面目标交会任务的设计；子星变轨和交会方式的设计及其轨道面改变的条件；子星与共面/异面目标交会制导和控制策略的设计。

在子星与共面/异面目标交会任务的设计中，指出了本文研究对象是由绳系卫星的子星与共面目标和绳系卫星的子星与异面目标这两部分组成，分析了本文通过子星来完成所需交会任务的原因，进而设计了子星与共面/异面目标的交会任务。

对航天器的变轨和交会方式进行了概括与分析，分析并指出本文子星所采用的变轨和交会方式及其优缺点，提出了实现此子星轨道面改变的必要条件，为子星与共面目标交会方式的判断提供了充足的理论依据，且简化了子星与共面目标的交会制导与控制策略及其相应算法构建的复杂性。

根据上述设计和分析结果，对子星与共面/异面目标交会制导与控制策略进行了设计，并给出了本文交会关键点设计的必要性及其设计的结果。

## 3.2　交会任务分析与设计

### 3.2.1　交会研究的对象和约束条件

#### 3.2.1.1　交会的研究对象

本文的研究对象是由 TSS 的子星，共面和异面目标这 3 部分组成的，通过子星与共面/异面目标的交会来完成所需的交会作业。诚然，也可以通过主星与共面/异面目标的交会来执行空间交会任务，但是，针对本文主星质量远大于子星质量的情况，此种交会方法所需的推进剂和系绳的长度均会明显增加，其原因将在下文进行详细分析。

本文研究的子星所在的系统是由 2 颗卫星通过系绳相连的，分离时的在轨示意图如图 3-1 所示，靠近地球的卫星为主星，另一颗即为本文的子星，主星和子星的连线为系绳。

图 3-1　本文研究的 TSS 结构示意图

　　当 TSS 质心与目标航天器质心轨道面重合时，TSS 与目标在轨示意图如图 3－2（a）所示，此时的目标即为本文所说的共面目标；当 TSS 质心与目标航天器质心轨道面不重合时，TSS 与目标在轨示意图如图 3－2（b）所示，此时的目标即为本文所说的异面目标。

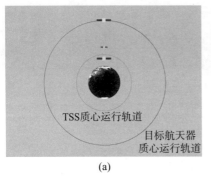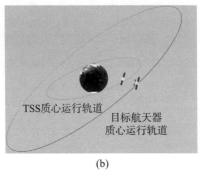

(a)　　　　　　　　　　　　　　　(b)

图 3－2　TSS 与目标的几何关系

　　主星的功能是为子星提供三轴稳定的飞行基座，满足子星在轨作业和演示任务的要求，主要由结构与机构（包括系绳释放机构）分系统，推进分系统，制导、导航与控制分系统，热控分系统，信息管理分系统，测控通信分系统，电源分系统和总体电路分系统等部分组成。

　　子星的主要功能是作为追踪星来执行与目标的在轨交会任务，主要由结构与机构，制导、导航与控制分系统，电源和总体电路，测控与通信等分系统组成。

　　主星与子星通过系绳相连，发射时呈对接状态。在进行演示试验时，借助弹簧（也可以考虑借助子星上的冷气推进）将主星与子星进行分离，进而执行子星与目标的交会作业。

　　共面/异面目标即为交会中的目标航天器，其在轨道上稳定飞行且不作任何机动或只作少许机动。

3.2.1.2 交会的约束条件

本文的研究内容是重点对子星与共面/异面目标交会制导和控制算法的设计进行研究，而为能对所提算法的有效性进行验证，必须使所设计的交会任务包含以下 2 部分内容：第一部分为子星与共面目标交会任务的设计，另一部分为子星与异面目标交会任务的设计。为此，本文设计的交会任务需要包括以下 4 种任务：

1）能够完成子星与共面目标的接近任务；

2）在关键点处，能够完成子星与共面目标的相对位姿保持任务；

3）能够完成子星与异面目标的接近任务；

4）在关键点处，能够完成子星与异面目标的相对位姿保持任务。

上述 4 种任务概括起来为以下两部分：第一部分为子星与共面目标交会的任务，另一部分为子星与异面目标交会的任务。其中，在这 2 部分内容中均包括以下 2 个方面：子星与目标的接近任务；子星与目标的相对位姿保持任务。

为简化下文交会制导和控制算法设计的复杂性和便于叙述，本文研究的 TSS 质心和共面/异面目标的质心轨道均为圆轨道，且以 TSS 质心轨道位于共面和异面目标质心轨道的下方为例展开研究。其他情况可进行类似的研究，本文不再重复介绍。

## 3.2.2 交会的飞行程序

从星箭分离时刻起，TSS 的飞行程序包括正常工作状态建立阶段、系统在轨检测阶段、子星与共面目标接近阶段、子星与共面目标相对位姿保持阶段、子星收回阶段、子星与异面目标接近阶段、子星与异面目标相对位姿保持阶段以及子星收回阶段，每个阶段都包含不同的控制任务和控制要求。

正常工作状态建立阶段包括星箭分离后的速率阻尼、帆板展开、启动星敏感器建立三轴姿态、对地捕获以及对地定向三轴稳定等。

　　系统在轨检测阶段是系统的正常飞行阶段。在该阶段，系统的各个分系统部件将进行在轨性能测试。

　　子星与共面目标接近阶段、子星与共面目标相对位姿保持阶段、子星与异面目标接近阶段以及子星与异面目标相对位姿保持阶段是完成关键技术在轨验证的试验，包括用来验证子星与共面/异面目标交会制导与控制算法的有效性。

　　子星的回收阶段是在子星与目标的交会任务结束后，借助系绳将子星收回至主星体内的阶段。

　　整个交会的飞行流程如图3-3所示。

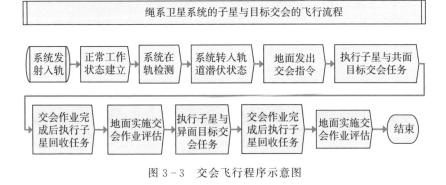

图3-3　交会飞行程序示意图

　　由图3-3可知，就完成子星与目标交会任务来说，所需开展的工作非常多。本文将对以下2个关键阶段进行研究：子星与共面目标交会任务阶段和子星与异面目标交会任务阶段。重点研究这2个阶段中子星与目标接近的制导与控制算法以及到达关键点时，相对位置和相对姿态保持的制导与控制算法。

### 3.2.3　子星与共面目标交会任务的设计

　　任务包括以下2部分内容：子星与共面目标接近任务；子星与共面目标相对位姿保持任务。其中，在子星与共面目标接近阶段中，分以下2个阶段：初始接近段和最终逼近段。初始接近段的任务主要是完成对系绳参数值的修正工作，其原因主要是由于主星和子星分离后系绳参数的误差值较大；最终逼近段是在完成系绳参数值的修正工作后，在对 TSS 性能指标函数进行优化的同时，完成子星向交会关键点转移的任务。

在子星与共面目标交会的任务期间，关键飞行控制执行点要求在地面监控下完成，设计的飞行任务如下：

1）进入测控区后，判定主星与子星是否已完成分离任务，确认后采用初始接近的策略对系绳参数进行修正，且使子星朝着目标方向进行轨道机动，如果在子星的轨道机动中出现失败，则借助系绳将子星回收到安全的位置且进行故障诊断，故障排除后继续开展初始接近任务；

2）完成子星与共面目标的初始接近作业后，采用最终逼近的策略对系绳参数的性能指标进行优化，且使子星能够在指定的时间内完成向关键点的转移任务，如果在子星的轨道机动中出现失败，则借助系绳将子星回收到安全的位置且进行故障诊断，故障排除后继续开展最终逼近任务；

3）子星到达关键点时，采用相对位置和相对姿态保持的策略对子星与共面目标的相对位姿进行保持，以便完成子星对共面目标的近距离测量，如果在子星与目标相对位姿保持中出现故障，则借助系绳将子星回收到安全的位置且进行故障诊断，故障排除后继续开展相对位姿保持的任务；

4）完成子星与共面目标的交会任务后，借助系绳将子星回收。

子星与共面目标交会任务的飞行轨迹如图 3-4 所示。图中的（a）点为交会任务的起始点，（b）点为相对位姿保持的起始点，（c）点为相对位姿保持的结束点，（a）点至（b）点为子星与共面目标接近阶段，（b）点至（c）点为子星与共面目标相对位姿保持阶段。

若接近或相对位置保持出现故障时，则借助系绳将子星回收到安全位置上并进行故障处理，即如（a-b）和（b-c）点所示，（a-b）和（b-c）点上对应虚线上的子星为正常情况下，子星应处的位置，虚线下的子星为故障时，子星所处的位置。

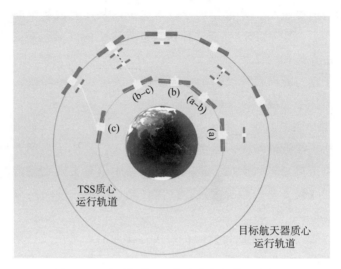

TSS质心
运行轨道

目标航天器质心
运行轨道

图 3-4　子星与共面目标交会任务的飞行轨迹

### 3.2.4　子星与异面目标交会任务的设计

与子星与共面目标交会设计任务的内容相似，本节的任务也包括以下 2 部分内容：子星与异面目标接近任务和子星与异面目标相对位姿保持任务。其中，在子星与异面目标接近阶段中，也分为初始接近段和最终逼近段 2 个阶段。将接近段划分为初始和最终逼近段的原因与上一节相同，这里不再重复说明。

在子星与异面目标交会的任务期间，关键飞行控制执行点也要求在地面监控下完成，设计如下的飞行任务：

1）进入测控区后，判定上一节的任务结束后是否已完成子星的回收，确认后采用初始接近的策略对系绳参数进行修正，且使子星朝着目标方向进行轨道机动，如果在子星的轨道机动中出现失败，则借助系绳将子星回收到安全的位置且进行故障诊断，故障排除后继续开展初始接近任务；

2）完成子星与共面目标的初始接近作业后，采用最终逼近的策略对系绳参数的性能指标进行优化，且使子星能够在指定的时间内完成向关键点的转移任务，如果在子星的轨道机动中出现失败，则借助系绳将子星回收到安全的位置且进行故障诊断，故障排除后继续开展最终逼近任务；

　　3）子星到达关键点时，采用相对位置和相对姿态保持的策略对子星与异面目标的相对位姿进行保持，以便完成子星对异面目标的近距离测量，如果在子星与目标相对位姿保持中出现故障，则借助系绳将子星回收到安全的位置且进行故障诊断，故障排除后继续开展相对位姿保持的任务；

　　4）完成子星与异面目标的交会任务后，借助系绳将子星回收。

　　子星与异面目标交会任务的飞行轨迹如图 3 - 5 所示。其中，图中的（a），（b），（c），（a - b）和（b - c）与上一节的含义相同，这里不再解释。

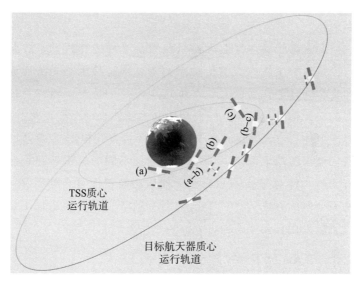

图 3 - 5　子星与异面目标交会任务的飞行轨迹

## 3.3　子星变轨和交会的方式以及轨道面改变条件

### 3.3.1　子星变轨和交会的方式

#### 3.3.1.1　子星变轨的方式

在通过运载火箭将 TSS 发射至待命轨道后，若有合适的交会时机，则通过子星与目标的交会来完成所需的空间交会作业，子星的运动可借助系绳来进行控制。

根据追踪航天器转移轨道面与目标航天器轨道面的不同可将追踪航天器的变轨方式划分成 2 部分：第一部分为共面变轨，另一部分为异面变轨。这 2 种变轨方式的最大区别在于追踪航天器转移轨道面是否与目标航天器轨道面重合，若重合则为共面变轨，反之则为异面变轨。

共面变轨意味着追踪航天器只在轨道平面内作机动，故其耗能较小，但是这种变轨方式的机动能力差，很难甚至是无法完成与异面目标交会的任务；异面变轨在推进剂充足的情况下可以与任意轨道面上的航天器进行交会，然而相比共面变轨来说耗能较大。

鉴于上述各方面考虑，本文子星的变轨方式根据 TSS 质心轨道面和目标航天器轨道面之间的关系将选择不同的轨道转移策略对子星进行变轨。针对 TSS 与目标航天器质心轨道面重合的情况，子星采用共面变轨的方式；针对 TSS 与目标航天器质心轨道面不重合的情况，子星采用异面变轨的方式。

#### 3.3.1.2　子星交会的方式

子星到达关键点时，根据此时子星所在的轨道面与目标航天器轨道面的不同可划分为以下 2 种交会方式：共面交会和异面交会。这 2 种交会方式的最大区别在于这二者的轨道面是否重合，即子星在关键点时，子星所在的轨道面是否与目标航天器的轨道面重合，若重合则为共面交会，反之则为异面交会。

当子星与目标的交会方式采用共面交会时，子星可以在目标航天器质心轨道面的任意一点上进行交会，且子星与目标在此交会关键点上进行相对位置保持所需的推进剂很少；当子星与目标的交会方式采用异面交会时，子星与目标在交会关键点上所需的推进剂将明显增加。为此，无论是针对子星与共面目标交会的情况，还是针对子星与异面目标交会的情况，子星与目标的交会方式均采用共面交会的方式。

### 3.3.2　子星轨道面改变的条件分析

3.3.1 节解决了子星与目标交会过程中子星变轨和交会方式的选择问题，并提出了如下变轨和交会方式：针对 TSS 与目标质心轨道相重合的情况，子星采用共面变轨的方式；针对 TSS 与目标质心轨道不重合的情况，子星采用异面变轨的方式；无论是针对子星与共面目标交会的情况，还是针对子星与异面目标交会的情况，子星与目标的交会方式均采用共面交会的方式。

然而，上述研究并未给出子星轨道面改变的条件，而这一条件是判断是否为异面变轨、共面变轨和共面交会的依据，也是实现子星异面变轨的关键，但是仍未发现有人对此问题进行过专门的研究。为此，本节将着重对这一问题进行研究。

航天器的轨道面是由轨道倾角和升交点赤经共同确定的，换言之，若其轨道倾角或升交点赤经发生变化，则其轨道面也发生改变，但是本文追踪航天器的轨道参数是通过其与 TSS 质心和系绳三者之间的几何关系进行求取的，即子星的轨道参数是通过 TSS 质心轨道和系绳参数进行求取的。为此，本节子星轨道改变的条件可转化成研究子星轨道面改变时 TSS 质心轨道和系绳参数和应满足的条件。由航天相关方面的知识，可得子星轨道倾角和升交点赤经的数学表达式为[118,127]

$$\cos i_2 = h_{z2} / |\boldsymbol{h}_2| \tag{3-1}$$

$$\cos \Omega_2 = -h_{y2} / \sqrt{h_{x2}^2 + h_{y2}^2} \tag{3-2}$$

式中　$h_2 = [h_{x2}, h_{y2}, h_{z2}]'$ ——子星释放瞬间系统质心轨道的角
动量在 J2000 坐标系下的表示，
由 2.3.2.3 的坐标转换关系可得
$\boldsymbol{h}_2$ 的表达式为

$$\boldsymbol{h}_2 = \boldsymbol{r}_2 \times \boldsymbol{v}_2 = \begin{bmatrix} h_{x2} \\ h_{y2} \\ h_{z2} \end{bmatrix} = \begin{bmatrix} (h_{gx}Si - h_{gz}Ci)S\Omega + h_{gy}C\Omega \\ -(h_{gx}Si - h_{gz}Ci)C\Omega + h_{gy}S\Omega \\ h_{gx}Ci + h_{gz}Si \end{bmatrix}$$

$$(3-3)$$

其中

$$\begin{cases} h_{gx} = \dot{u}R^2 - Rl_2\dot{\beta}S\beta S\alpha + Rl_2(2\dot{u}+\dot{\alpha})C\alpha C\beta + l_2^2(\dot{u}+\dot{\alpha})C^2\beta + \\ \qquad R\dot{l}_2 S\alpha S\beta \\ h_{gy} = -l_2^2\dot{\beta}S(u+\alpha) + l_2^2(\dot{u}+\dot{\alpha})S\beta C\beta C(u+\alpha) + l_2\dot{u}RS\beta Cu - \\ \qquad Rl_2\dot{\beta}C\beta Su - R\dot{l}_2 SuS\beta \\ h_{gz} = l_2^2\dot{\beta}C(u+\alpha) + l_2^2(\dot{u}+\dot{\alpha})S\beta C\beta S(u+\alpha) + l_2\dot{u}RS\beta Su + \\ \qquad Rl_2\dot{\beta}C\beta Cu + R\dot{l}_2 CuS\beta \end{cases}$$

　　借助系绳动量交换技术实现卫星轨道面改变的条件是 $S\beta$ 和 $\dot{\beta}$ 不同时为 0，这一结论在有的文献[96-97]中已提出过，但这一条件是实现子星轨道面改变的充分、必要还是充要条件有待进一步确定，且这一结论的正确性需要进行严格的数学证明。基于系绳速率为 0 的情况，结合式（3-1）和式（3-2）对这一结论进一步分析可得出如下 2 个定理。

　　**定理 3-1**　基于系绳速率为 0 的情况下，当 TSS 质心运行在圆轨道时，实现子星轨道面改变的必要条件是面外摆角的正弦值和面外摆角的角速率不同时为 0。

　　证明：⇐（反证法）假设 $S\beta$ 和 $\dot{\beta}$ 同时为 0，卫星的轨道面发生改变。此时系绳的速率为 0，且 TSS 质心轨道为圆轨道，则由式（3-3）可得

$$\boldsymbol{h}_2 = [Rl_2(2\dot{\theta}+\dot{\alpha})C\alpha + l_2^2(\dot{\theta}+\dot{\alpha}) + \dot{\theta}R^2]SiS\Omega i_{J2000} -$$

$$[Rl_2(2\dot{\theta}+\dot{\alpha})C\alpha + l_2^2(\dot{\theta}+\dot{\alpha}) + \dot{\theta}R^2]SiC\Omega j_{J2000}$$

$$[Rl_2(2\dot{\theta}+\dot{\alpha})C\alpha + l_2^2(\dot{\theta}+\dot{\alpha}) + \dot{\theta}R^2]Cik_{J2000}$$

$$(3-4)$$

显然，$Rl_2(2\dot{\theta}+\dot{\alpha})C\alpha + l_2^2(\dot{\theta}+\dot{\alpha}) + \dot{\theta}R^2 > 0$，则

$$\begin{cases} Ci_2 = Ci \\ \tan\Omega_2 = \tan\Omega \end{cases} \quad (3-5)$$

考虑到轨道倾角的范围为 $[0，180°]$，升交点赤经的范围为 $[-180°，180°]$，故卫星的轨道倾角和升交点赤经均不变，即卫星的轨道面保持不变，这与假设相矛盾，故 $S\beta$ 和 $\dot{\beta}$ 不同时为 0。定理得证。

需要特别说明的是这一条件是其必要条件而不是其充要条件。如选 $u=0$，$\beta=-89.1°$，$\alpha=256.86°$，$l_2=500$ km，$\dot{\beta}$ 和 $\dot{\alpha}$ 的值分别为

$$\begin{cases} \dot{\alpha} = -\dot{u}R(l_2C\alpha + RC\beta)/(l_2^2C\beta + Rl_2C^2\beta C\alpha) - \dot{u} \\ \dot{\beta} = -S\beta[l_2(\dot{u}+\dot{\alpha})C\beta S(u+\alpha) + \dot{u}RSu]/[l_2C(u+\alpha) + RC\beta Cu] \end{cases}$$

则此时释放子星时，子星的轨道面不变。这表明由 $S\beta$ 和 $\dot{\beta}$ 不同时为 0 推不出轨道倾角一定发生改变这一结论。

**定理 3-2**　基于系绳速率为 0 的情况下，当 TSS 质心运行在椭圆轨道时，实现子星 $|Ci_2|$ 和 $|C\Omega_2|$ 改变的必要条件是面外摆角的正弦值和面外摆角的角速率不同时为 0。

证明：$\Leftarrow$（反证法）假设 $S\beta$ 和 $\dot{\beta}$ 同时为 0，$|Ci_2|$ 和 $|C\Omega_2|$ 发生改变。此时系绳的速率为 0，则由式（3-3）可得

$$\boldsymbol{h}_2 = [Rl_2(2\dot{\theta}+\dot{\alpha})C\alpha + l_2^2(\dot{\theta}+\dot{\alpha}) + \dot{\theta}R^2 - \dot{R}l_2S\alpha]SiS\Omega i_{J2000} -$$

$$[Rl_2(2\dot{\theta}+\dot{\alpha})C\alpha + l_2^2(\dot{\theta}+\dot{\alpha}) + \dot{\theta}R^2 - \dot{R}l_2S\alpha]SiC\Omega j_{J2000}$$

$$[Rl_2(2\dot{\theta}+\dot{\alpha})C\alpha + l_2^2(\dot{\theta}+\dot{\alpha}) + \dot{\theta}R^2 - \dot{R}l_2S\alpha]Cik_{J2000}$$

$$(3-6)$$

联立式（3-1）和式（3-2）可知 $|Ci_2|$ 和 $|C\Omega_2|$ 保持不变，这与假设相矛盾，欲使 $|Ci_2|$ 和 $|C\Omega_2|$ 发生改变，则 $S\beta$ 和 $\dot{\beta}$ 不同时为 0。定理得证。　　　　　　　　　　　　　　　△

同样，根据上面的分析，显然此定理亦为必要条件，而非充要条件。

本节下文将结合仿真实例对子星轨道面的变化进行定量的分析，包括以下 2 种情况：TSS 质心运行在圆轨道和 TSS 质心运行在偏心率 $e=0.5$ 的椭圆轨道上。TSS 主星的初始质量 $m_1^0=10\ 000\ \text{kg}$，子星的质量 $m_2=100\ \text{kg}$，TSS 质心的轨道半径为 $R=7\ 078\ \text{km}$，TSS 质心的轨道倾角 $i_s=60°$，TSS 质心的升交点赤经 $\Omega_s=45°$，地球万有引力常数 $\mu=3.987\ 784\ 8\times10^5\ \text{km}^3/\text{s}^2$，系绳的线密度 $\rho=0.2\ \text{kg/km}$。子星释放瞬间，TSS 质心的纬度幅角、系绳的长度和系绳速率均分别为 $u=0$、$l=30\ \text{km}$ 和 $\dot{l}=0$。

（1）TSS 质心运行轨道为圆轨道

此时分以下 2 种情况：$S\beta$ 和 $\dot{\beta}$ 同时为 0；$S\beta$ 和 $\dot{\beta}$ 不同时为 0。此时，子星释放后轨道面的变化如图 3-6 所示。

图 3-6 中各坐标轴的含义如下：$i_2$ 轴表示子星轨道面的变化，$\Omega_2$ 轴表示子星升交点赤经的变化，$\alpha$ 轴表示系绳面内摆角的变化，$\beta$ 轴表示系绳面外摆角的变化，其单位均为（°）；$\dot{\alpha}$ 轴表示系绳面内摆角角速率的变化，$\dot{\beta}$ 轴表示系绳面外摆角角速率的变化，其单位均为（°）/s。

图 3-6（a）是针对 $S\beta$ 和 $\dot{\beta}$ 同时为 0 的情况，其含义是：当 $\alpha$ 在 $[-180°, 180°]$ 范围内变化，$\dot{\alpha}$ 在 $[0, 0.015\ 907°/\text{s}]$ 范围内变化时，子星轨道面大小的变化（即图中的轨道倾角和升交点赤经）。图 3-6（b）中的 $\dot{\alpha}=\alpha=0$，是针对 $S\beta$ 和 $\dot{\beta}$ 不同时为 0 的情况，其含义是：当 $\beta$ 在 $[-180°, 180°]$ 范围内变化，$\dot{\beta}$ 在 $[0, 0.015\ 907°/\text{s}]$ 范围内变化时，子星轨道面大小的变化（即图中的轨道倾角和升交点赤经）。

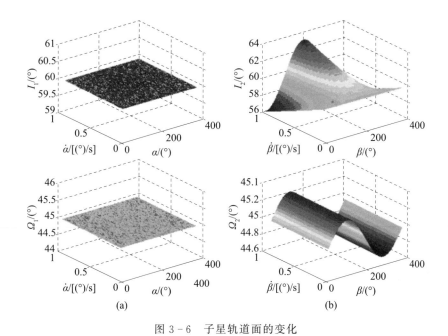

图 3-6　子星轨道面的变化

由图 3-6（a）可知：当 $S\beta$ 和 $\dot{\beta}$ 同时为 0 时，$i_2 = \Omega_2 = 0$，这说明子星的轨道面不变，与定理 3-1 的结论相一致。

图 3-6（b）的结果表明：当 $S\beta$ 和 $\dot{\beta}$ 不同时为 0 时，可以实现子星轨道面的改变，且轨道面大小的改变与系绳参数值的大小有关。轨道面的改变值与系绳参数的关系将在本文下节中进行详细的研究。

（2）TSS 质心轨道为椭圆轨道

与 TSS 质心轨道为圆轨道一样，此时仍分以下 2 种情况：$S\beta$ 和 $\dot{\beta}$ 同时为 0；$S\beta$ 和 $\dot{\beta}$ 不同时为 0。此时，子星释放后轨道面的变化如图 3-7 所示。

图 3-7 中 $|Ci_2|$ 轴表示 $|Ci_2|$ 的变化，$|C\Omega_2|$ 轴表示 $|C\Omega_2|$ 的变化，其余各坐标系的含义与图 3-6 相同，详情请见图 3-6 中的说明，不再重复叙述。

由图 3-6（a）可知：当 $S\beta$ 和 $\dot{\beta}$ 同时为 0 时，$|Ci_2| = |C\Omega_2| =$

0，这说明子星的 $|Ci_2|$ 和 $|C\Omega_2|$ 不变，与定理 3 - 2 的结论相一致。

图 3 - 6（b）的结果表明：当 $S\beta$ 和 $\dot{\beta}$ 不同时为 0 时，能够实现子星 $|Ci_2|$ 和 $|C\Omega_2|$ 大小的改变。

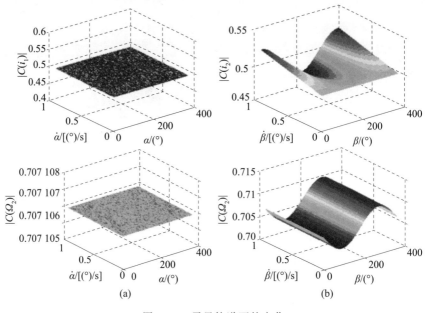

图 3 - 7　子星轨道面的变化

## 3.4　交会制导与控制策略的设计

### 3.4.1　关键点的设计

Orbital Express 和 ETS - Ⅶ 项目分析表明[128-130]：它们都在试验中设计了关键点，并在这些点上进行相对位置保持。为此，本文在试验中也将进行关键点的设计。

然而，Orbital Express 和 ETS - Ⅶ 项目中的关键点设计不会影响到交会控制算法的复杂性，而本文关键点的设计将直接影响到本文子星与目标交会制导与控制方法的难易度，甚至是交会任务的可行性。如关键点选在 2.5.2 节中的平衡状态上，则 $\alpha$ 、$\beta$ 、$\dot{\alpha}$ 和 $\dot{\beta}$ 均为 0，此时交会制导和控制方案的设计不但简单，而且多样，如除了可以借助子星上的推力系统外，还可以仅通过系绳的释放运动来完成子星向关键点的转移，但此时对于子星与异面目标的交会提出了很大的挑战，甚至是无法实现子星与异面目标的在轨交会任务（这主要因为子星与目标在关键点上的速度偏差很大）。

以与地球赤道面平行且过 TSS 质心的平面为水平面，交会的关键点与目标质心存在以下 3 种关系：关键点位于目标质心的上方；关键点与目标质心同时位于水平面上；关键点位于目标质心的下方。针对第 1 和第 2 种情况，可考虑将问题转换成第 3 种情况再进行研究，即先将 TSS 质心轨道转移到目标质心轨道的下方，若无法转换或不适合转换，则可按下文给出的控制策略进行类似的设计。对于第 3 种情况，本文将以关键点位于目标质心的正下方为例对关键点进行如下的设计（其他各种情况可按本节的方法进行类似的研究）。

（1）当 TSS 质心与目标质心轨道共面时，关键点选为目标质心的正下方且位于 TSS 质心的前方

当 TSS 质心与目标质心轨道共面且关键点位于目标质心的正下方时，交会的关键点与 TSS 质心的关系包括以下 3 种情况：关键点位于 TSS 质心的前方；关键点位于 TSS 质心的正上方；关键点位于 TSS 质心的后方。

图 3-8（a）和（b）的关键点分别为 TSS 质心的前方和 TSS 质心的正上方这 2 种情况，即各图中的（b）点即为关键点。

从图 3-8（b）看，当子星位于 TSS 质心的正上方时，由 2.5.2 可知：此时子星向指定位置的转移方法还可以仅通过系绳的运动控制来实现，但是此时由于系绳刚释放时，主星与子星的重力梯度力矩很小，导致交会所需的时间非常长，且在相同绳长的情况下交会窗口的控制时间也较短，如图 3-8（b）中的交会控制时间（b）至（c）段小于图 3-8（a）中的交会控制时间（b）至（c）段。显然，对于关键点位于 TSS 质心后方这种情况，不但在相同绳长的情况下

交会窗口的控制时间最短，而且对于相对位置保持的控制策略也提出了更高的要求。鉴于上面的分析，在子星与共面目标交会过程中的关键点选在 TSS 质心的前方。

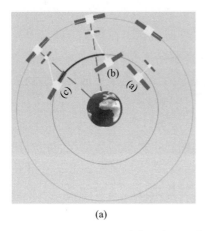 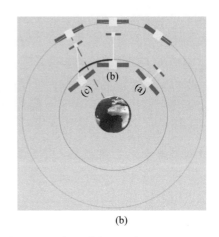

(a)                                     (b)

图 3-8    交会位置位于系统质心的正下方和前方的示意图

（2）当 TSS 质心与目标质心轨道异面时，关键点选为目标质心的正下方且位于 TSS 质心的上方

当 TSS 质心与目标质心轨道异面且关键点为目标质心轨道的正下方时，交会的关键点与 TSS 质心的关系存在以下 2 种情况：关键点位于 TSS 质心的上方和下方。显然，对关键点选在 TSS 质心下方的情况，子星与目标交会控制技术的研究没有任何意义，为此交会的关键点选在 TSS 质心的上方，此时包括以下 3 种情况：$S\alpha S\beta > 0$；$S\alpha S\beta < 0$；$S\alpha S\beta = 0$。当相对位置保持采用绳系辅助交会的控制策略时，本文取 $S\alpha S\beta = 0$ 中的 $\alpha = \beta = 0$ 的情况，即关键点选在 TSS 质心的正上方；当相对位置保持采用 C-W 交会的控制策略时，本文取 $S\alpha S\beta = 0$ 中的 $\alpha = 0$ 和 $\beta$ 尽可能小这种情况，即关键点尽可能靠近 TSS 质心的正上方。这样选取的优点是可以使下文控制算法的设计得到简化。另一方面，对于 TSS 质心与目标质心轨道面相差较大的情况，相对位置保持的控制效果主要体现在控制参数初始值选取上，

与关键点的选择关系不大（这在第 5 章将进行定量分析）。

## 3.4.2  制导策略的设计

### 3.4.2.1  接近段的制导策略设计

子星与目标接近的制导参数可以考虑选子星与目标的相对运动参数作为制导参数，且能够完成交会任务中子星与目标的接近工作，但此时不但子星上所需消耗的推进剂增加，且系绳方向的运动控制将变得非常复杂。另一方面，考虑到完成子星与目标接近任务的关键是子星能够在指定的时间内完成向关键点的转移任务，而由 3.4.1 节的分析可知，可用系绳参数值的大小对关键点进行数学表示。因此，无论是针对子星与共面目标接近的情况，还是针对子星与异面目标接近的情况，本文均选系绳的参数 $[l \quad \alpha \quad \beta \quad \dot{l} \quad \dot{\alpha} \quad \dot{\beta}]'$ 作为制导参数。

在子星与目标接近的过程中，为使子星的运动过程呈现良好的光滑性，可将制导参数按规划好的函数进行设计。常用的规划函数有：三次多项式、高阶多项式和指数函数等。

采用三次多项式函数规划的轨迹函数 $f(t)$ 至少需要满足 4 个约束条件。当系绳运动轨迹的要求更加严格，约束条件的个数增加时，那么三次多项式就不能满足需要，必须用更高阶的多项式对运动轨迹的路径进行插值。当轨迹函数选为指数函数时，可使系绳运动过程中的速率与其轨迹函数的比值为常值，这点性质对于系绳的释放尤为有利，因为随着系绳长度的增加，系绳的释放速率将增加。

当选用上述 3 种常用的规划函数构建系绳的运动轨迹时，除可以保证制导参数轨迹函数的连续性外，还可以保证它的一阶导数（速度），有时甚至二阶导数（加速度）的连续性，使子星向关键点的转移呈现良好的平滑性。

### 3.4.2.2  相对位姿保持段的制导策略设计

3.4.2.1 节的系绳一直保持拉紧状态，其原因是尽可能借助系绳的拉力对子星的轨道转移进行控制，进而可以减少子星推进剂的消耗。然而，在子星与目标相对位姿保持的过程中，若系绳仍为拉紧状态时，则可能会出现已有文献中所指出的问题（这些问题如1.4.3所述），本文将通过对系绳长度的拟合来解决这一问题。在考虑系绳一直为拉紧状态的同时，还将考虑系绳一直为松弛状态时子星与目标相对位姿保持的制导策略设计。

（1）在子星与目标相对位姿保持时，系绳一直为拉紧状态

与3.4.2.1节的分析一样，当系绳一直为拉紧状态时，仍选系绳的参数 $[\,l\quad\alpha\quad\beta\quad\dot{l}\quad\dot{\alpha}\quad\dot{\beta}\,]'$ 作为相对位置保持中的制导参数，且制导参数与相对运动参数的参考值应满足式（2-38）和式（2-39）的关系。在子星与目标进行相对位置保持时，为保证目标在测量设备的探测范围之内，要求测量部件尽可能对准目标。为此需要对子星与目标的相对姿态进行保持，子星与目标的相对姿态保持的制导参数为子星本体坐标系相对目标航天器本体坐标系的误差角和角速度，其大小均为0。

（2）在子星与目标相对位姿保持时，系绳一直为松弛状态

显然，此时系绳的面内和面外摆角是不存在的，故在这种情况下，取子星与目标的相对位置和相对速度在目标质心轨道坐标系下的分量作为制导参数，且将制导参数的参考值作为控制系统的参考输入。此时，与情况（1）一样，也使测量部件尽可能对准目标，子星与目标的相对姿态保持的制导参数也为子星本体坐标系相对目标航天器本体坐标系的误差角和角速度，其大小均为0。

### 3.4.3　控制策略的设计

#### 3.4.3.1　接近段的控制策略设计

由3.2节的交会任务设计可知：在子星与目标的接近操作中，首先借助弹簧进行主星与子星的分离任务，之后开展子星与目标的接近作业，其在轨交会示意图如图3-9所示。

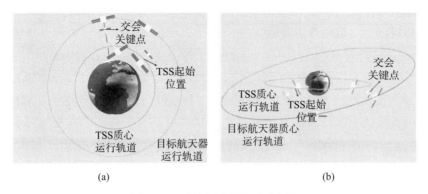

图 3-9   子星与目标接近示意图

子星与目标交会接近的控制策略包括以下 4 种：主星的轨道机动、系绳的速率控制、最优控制及作用在子星上的推力控制。

考虑到本文主星的质量远大于子星的质量，这使得通过主星轨道机动的方式来完成子星与目标的接近任务需要消耗大量的推进剂，因而本文的控制策略中不考虑这种方式来完成子星与目标的在轨交会作业。

采用系绳速率控制的策略，不但算法的设计简单，而且还可以在不依赖推进剂消耗的情况下完成子星与目标的接近任务。然而，仅通过系绳速率的控制策略是很难甚至是无法完成子星向位于非平衡位置上的关键点转移，且很不适用于重力梯度力较小的情况。

最优控制的策略虽然对控制参数的初始值精度要求较高，但它能使 TSS 某项性能指标达到最优，提高 TSS 在轨工作的效率，这对于所控制精度要求不高的情况很适用。

子星推力的控制策略虽然可以弥补系绳速率和最优控制策略中的不足，但是当单独采用这种控制策略时，子星消耗的推进剂将明显增加，且无法对 TSS 性能指标进行优化。

鉴于上面的分析，在完成主星与子星的分离任务后，无论是针对子星与共面目标的交会情况，还是针对子星与异面目标的交会情况，均设计如下的控制策略：在借助系绳速率与子星推力相组合的控制策略对系绳参数值进行修正后，采用最优控制的策略进行子星与目标的接近操作，并在指定的时间内完成子星向交会关键点的转移任务。

另一方面，考虑到子星在交会的关键点上存在以下 2 种情况：子星与目标的相对位置和相对速度偏差较大；系绳的速率值较大。前者将使下文相对位置保持控制的起始偏差值变大，后者是针对系绳松弛且存在时延的情况，此时将使系绳参数值的变化加快。为此，采用以下 2 种策略来解决上述 2 个问题：针对第 1 种情况，通过系绳参数值的合理配置来减小相对运动参数的偏差；针对第 2 种情况，使系绳的速率值在交会的关键点处尽可能的小，本文在交会关键点处选 $\dot{l} = 0$。

### 3.4.3.2　相对位姿保持段的控制策略设计

不同于航天器的传统交会方法，绳系辅助交会意味着绳系子星与目标航天器不在同一个轨道上，导致子星与目标在交会关键点的相对位置保持时间非常短。另一方面，1.4.3 节的分析表明：虽然已有文献提出过这一问题的解决方法，但是仍存在一些问题需要解决，需要对其控制策略进行研究。为此，在交会的关键点处，本节将对子星与目标相对位置保持的控制策略进行研究，且本节也将首先对此时子星与目标相对姿态保持的控制策略进行研究，并提出相应的控制策略。

（1）相对位置控制保持策略

在该问题中，包括以下 2 种情况：系绳为拉紧状态和系绳为松弛状态。这 2 种情况的主要区别在于：在子星与目标进行相对姿态保持的过程中，前者系绳一直为拉紧状态，后者系绳一直为松弛状态，且在子星与异面目标相对位置保持的过程中的控制策略只考虑系绳为松弛状态的情况，其原因将在第 4 章和第 5 章中进行说明。针对前一种情况，系绳的运动通过安装在主星上的系绳运动控制机构进行控制，摆角的运动采用喷气进行控制；针对后一种情况，将只考虑作用在子星上的推力控制。其中，推力控制中的控制算法均借助变结构控制来构建所需的控制算法。

（2）相对姿态保持控制策略

当子星姿态动力学中不考虑子星轨道运动的影响时，无论是系绳为拉紧状态还是系绳为松弛状态，子星与目标均可采用相同的控制策略，所不同的是在系绳拉紧时还要考虑系绳拉力所造成的力矩影响，当拉力力矩与控制力矩方向相同时，可看作是主动力矩加以利用；当拉力力矩与控制力矩方向相反时，可看作是干扰力矩加以抑制。当所需的姿态控制力矩较小时，可以考虑采用三正交反作用飞轮进行姿态控制。然而，子星与目标相对位置保持采用绳系辅助交会的控制策略时，需要考虑系绳拉力对子星姿态控制的影响，有可能会使姿态控制力矩变大，为此，将考虑借助安装在子星上的推进系统来实现子星与目标的相对姿态保持。

## 3.5　本章小结

本章研究了绳系卫星的子星与共面/异面目标交会任务的设计、子星变轨和交会方式及其轨道面改变的条件和子星与共面/异面目标的交会制导与控制策略设计。提出了实现绳系卫星的子星轨道面改变的必要条件，即：在 TSS 质心运行在圆轨道且系绳速率为 0 的情况下，实现子星轨道面改变的必要条件是面外摆角的正弦值及其角速率不同时为 0；在 TSS 质心运行在椭圆轨道且系绳速率为 0 的情况下，实现子星 $|Ci_2|$ 和 $|C\Omega_2|$ 改变的必要条件是面外摆角的正弦值和面外摆角的角速率不同时为 0。该条件的提出为判断子星与共面目标的交会方式提供了理论依据，且简化了子星与共面目标交会制导和控制策略及其相应算法构建的复杂性。

# 第 4 章　子星与共面目标交会制导与控制方法

## 4.1　引言

第 3 章设计了绳系卫星的子星与共面目标的交会任务及其制导与控制策略，但未给出制导与控制的方法，且现有文献所给的方法也有待进一步完善。为此，本章将重点研究子星与共面目标的交会制导与控制方法，包括以下 3 部分内容。

（1）子星与共面目标接近段的制导和控制方法

已有文献显示对子星与目标接近段主要是采用最优控制的方法，但在接近起始时，即本文借助弹簧完成主星与子星的分离任务时，控制误差的初始值较大，故 3.2.3 节将接近段分成初始接近段和最终逼近段两个阶段。前者的任务是用来修正控制参数的起始误差值；后者是在实现子星向交会关键点转移的同时，对 TSS 性能指标函数进行优化。

（2）子星与共面目标在相对位姿保持段的相对位置保持控制方法

已有的方法要么会对系绳产生不良的影响，要么会使系绳的运动控制机构变得更为复杂。为此，本章提出了两种方法来解决这一问题，即系绳拉紧状态下系绳速率与变结构控制的联合控制法和系绳松弛状态下的变结构控制法。在这两种控制方法中，分析并给出了控制误差产生的原因和减小控制误差的方法。

（3）子星与共面目标在相对位姿保持段的相对姿态保持控制方法

前两个问题的研究假设 TSS 的子星和目标均为质点，没有考虑姿态控制问题。然而，在实际任务中，由于子星并不能当作质点，尤其是在子星与目标进行相对位置保持时，不但需要对子星与目标的相对位置进行控制，而且还要对子星与目标的相对姿态进行控制，以便完成对接、抓捕或对目标某一部分进行近距离测量等任务。

## 4.2　接近段的制导与控制方法

### 4.2.1　初始接近段的制导与控制方法

#### 4.2.1.1　制导算法的构建

由 3.4.2.1 节制导策略的设计可知，系绳长度的轨迹函数可考虑选用如下的指数函数

$$l(t) = l_0 e^{k_c t}$$

式中　$l_0$——系绳的初始长度；

　　　$k_c$——系绳释放速率的控制系数；

　　　$t$——运动控制时间。

采用这一函数的优点是随着时间的增加，可以加快系绳的释放。本文考虑最恶劣的情况，即初始接近段开始时，系绳的长度与实际长度存在 $\Delta l$ 的偏差。为此需要在系绳的释放速率上加上修正项，即借助式（4-1）来对系绳的长度进行修正

$$\dot{l}_{cor} = \dot{l} + a \Delta l e^{-at} \tag{4-1}$$

为保证 $\ddot{\alpha}$ 变化的平滑性，$\alpha$ 的轨迹函数可选一元五次多项式函数，即

$$\alpha(t) = p_0 + p_1 t + p_2 t^2 + p_3 t^3 + p_4 t^4 + p_5 t^5 \tag{4-2}$$

式中　$\alpha$ 的初值和终值分别为 $\alpha_0$ 和 $\alpha_f$；

　　　$\dot{\alpha}$ 的初值和终值分别为 $\dot{\alpha}_0$ 和 $\dot{\alpha}_f$；

　　　$\ddot{\alpha}$ 的初值和终值分别为 $\ddot{\alpha}_0$ 和 $\ddot{\alpha}_f$。

由 $\alpha$ 的初始和终止状态可得

$$\alpha_0 = p_0 \quad \dot{\alpha}_0 = p_1 \quad \ddot{\alpha}_0 = 2p_2$$

$$\alpha_f = p_0 + p_1 t_f + p_2 t_f^2 + p_3 t_f^3 + p_4 t_f^4 + p_5 t_f^5$$

$$\dot{\alpha}_f = p_1 + 2p_2 t_f + 3p_3 t_f^2 + 4p_4 t_f^3 + 5p_5 t_f^4$$

$$\ddot{\alpha}_f = 2p_2 + 6p_3 t_f + 12p_4 t_f^2 + 20p_5 t_f^3$$

故参数 $p_i(i = 0, 1, 2, 3, 4, 5)$ 的值为

$$\begin{cases} p_0 = \alpha_0, p_1 = \dot{\alpha}_0, p_2 = 0.5\ddot{\alpha}_0 \\ p_3 = [-3p_2 t_f^2 + 10(\alpha_f - p_0) - 2(3p_1 + 2\dot{\alpha}_f) t_f + 0.5\ddot{\alpha}_f t_f^2] / t_f^3 \\ p_4 = [(8p_1 + 7\dot{\alpha}_f + 3p_2 t_f) t_f - 15(\alpha_f - p_0) - \ddot{\alpha}_f t_f^2] / t_f^4 \\ p_5 = [-2p_2 t_f^2 + 12(\alpha_f - p_0) - 6(p_1 + \dot{\alpha}_f) t_f + \ddot{\alpha}_f t_f^2] / (2t_f^5) \end{cases}$$

$$(4-3)$$

将式（4-3）代入式（4-2）可得系绳面内摆角的轨迹函数。

### 4.2.1.2　控制算法的构建及其稳定性分析

系绳长度可根据系绳速率的大小进行控制，下面着重研究系绳面内摆角 $\alpha$ 的控制方法。$\alpha$ 的运动控制将考虑采用变结构控制法，借助这种控制方法的优点包括以下几个方面：该方法所设计的控制器的鲁棒性很好，它对模型不确定性以及外界干扰均有较强的抑制作用，且对有界参考轨迹有着很好的跟踪性能。

（1）面内摆角运动控制算法的构建

记 $\alpha$ 的目标轨迹为 $\alpha_d$，其表达式如（4-3）所示。令 $m_a = M^* l^2$，则此变量为时变信号，故可通过设计 $Q_a$ 使 $\alpha$ 收敛于目标轨迹 $\alpha_d$。

由式（2-23）可得系绳面内摆角和面外摆角的运动方程

$$m_a \ddot{\alpha} = -m_a [(2 + \mu_3)(\dot{\theta} + \dot{\alpha}) \dot{l}/l + 1.5\mu S(2\alpha)/R^3 + \ddot{\theta}] + Q_a$$

$$(4-4)$$

设计控制器 $Q_a$ 为

$$Q_a = m_a [(\dot{\theta} + \dot{\alpha})(2 + \mu_3) \dot{l}/l + 1.5\mu S(2\alpha)/R^3 + \ddot{\theta}] -$$
$$k_a s_a - \rho_a \mathrm{sgn}(s_a) - c_a m_a \dot{e}_a + m_a \ddot{\alpha}_d$$

$$(4-5)$$

式中   $s_a = \dot{e}_a + c_a e_a$ ；

$\qquad e_a = \alpha - \alpha_d$ ；

$\qquad c_a$ ，$k_a$ ，$\rho_a$ ——正数。

在控制器 $Q_a$ 的作用下，控制目标可以实现。

（2）面内摆角运动稳定性的分析

考虑 Lyapunov 函数 $V_a = 0.5 m_a (s_a)^2$ 。

将 $V_a$ 对时间求导可得

$$\dot{V}_a = m_a s_a \dot{s}_a + 0.5 \dot{m}_a (s_a)^2 = s_a (c_a m_a \dot{e}_a + m_a \ddot{\alpha} - m_a \ddot{\alpha}_d) + 0.5 \dot{m}_a (s_a)^2$$

$$= - m_a s_a [(\dot{\theta} + \dot{\alpha})(2 + \mu_3) \dot{l}/l + 1.5 \mu S(2\alpha)/R^3 + \ddot{\theta}] +$$

$$s_a (c_a m_a \dot{e}_a - m_a \ddot{\alpha}_d + Q_a) + 0.5 \dot{m}_a (s_a)^2$$

$$(4-6)$$

将 $Q_a$ 代入式（4-6）可得

$$\dot{V}_a = s_a [-k_a s_a - \rho_a \operatorname{sgn}(s_a)] + 0.5 \dot{m}_a (s_a)^2 \qquad (4-7)$$

$$= -(k_a - 0.5 \dot{m}_a)(s_a)^2 - \rho_a |s_a|$$

取 $k_a > 0.5 |\dot{m}_a|$ ，则有

$$\dot{V}_a = -(k_\varepsilon - 0.5 \dot{m}_a)(s_a)^2 - \rho_a |s_a| \leqslant -\rho_a |s_a| \qquad (4-8)$$

故 $s_a \equiv 0$ 可以在有限时间内到达。在 $s_a \equiv 0$ 上有 $\dot{e}_a + c_a e_a = 0$，解此等式可得 $e_a = e_a(0) e^{-c_a t}$ ，即在 $s_a \equiv 0$ 上 $\dot{e}_a$ 和 $e_a$ 是指数收敛的。

## 4.2.2  最终逼近段的最优控制方法

### 4.2.2.1  最优问题的提出

记 TSS 工作的目标函数 $J$ 为

$$J = \phi(t_0, t_f) + 0.5 \int_{t_0}^{t_f} \psi(x, u) \, \mathrm{d}t \qquad (4-9)$$

其中 $t_0$、$t_f$ 分别为控制的起始时间和终止时间，约束方程为

$$\dot{x} = f(x(t), u(t), t) \qquad (4-10)$$

$$\phi(x_0, t_0, x_f, t_f) = 0 \qquad (4-11)$$

$$C[x(t), u(t), t] \leqslant 0 \qquad (4-12)$$

式（4-10）、式（4-11）和式（4-12）表示动力学约束方程、端点约束和其他类型约束。可以通过式（4-13）的变化，将式（4-10）、式（4-11）和式（4-12）时间间隔变换成 $[-1 \quad 1]$ 的范围。

$$t = \delta(\tau) = [(t_f - t_0)\tau + (t_f + t_0)]/2 \qquad (4-13)$$

此时式（4-10）、式（4-11）和式（4-12）可表示为

$$dx/d\tau = (t_f - t_0) f[x(\tau), u(\tau), \tau, t_0, t_f]/2 \qquad (4-14)$$

$$G[x(-1), t_0, x(1), t_f] = 0 \qquad (4-15)$$

$$K[x(\tau), u(\tau), \tau, t_0, t_f] \leqslant 0 \qquad (4-16)$$

显然，4.2.1 节的控制法无法求出满足式（4-9）、式（4-14）、式（4-15）和式（4-16）的解。

#### 4.2.2.2　最优方法的实现

上述非线性最优控制问题有两类常用的求解方法，即直接法和间接法。一般地说，直接法可以直接求解 Bolza，Mayer 和 Lagrange 类问题，而间接法求解此类问题较为复杂。另外，直接法对某些具有离散值的变量可以直接处理，而间接法对函数连续性的要求较高[131]。

鉴于上述方面的考虑，本文采用直接法，即使用 Gauss 伪谱法处理子星向指定释放位置转移的最优控制问题。Gauss 伪谱法[132]的基本思想是用 Legendre 正交多项式对状态空间和最优控制空间进行逼近，将最优控制方程转化为非线性代数方程，从而可以用成熟的非线性规划方法或矩阵分析方法求解最优控制问题，避免了求解复杂耗时的 Riccati 方程表示的两点边值问题。

构建状态变量 $x(t)$ 的 $N+1$ 次 Lagrange 插值多项式

$$x(\tau) \approx X(\tau) = \sum_{i=0}^{N} X(\tau_i) L_i(\tau) \qquad (4-17)$$

其中，$L_i(\tau)$ $(i = 0, \cdots, N)$ 为

$$L_i(\tau) = \prod_{j=0, j \neq i}^{N} \frac{\tau - \tau_j}{\tau_i - \tau_j} \qquad (4-18)$$

另外，构建控制变量 $u(t)$ 的 $N$ 次 Lagrange 插值多项式：

$$u(\tau) \approx U(\tau) = \sum_{i=1}^{N} U(\tau_i) L_i^*(\tau) \qquad (4-19)$$

$L_i^*(\tau)$ $(i = 1, \cdots, N)$ 为

$$L_i^*(\tau) = \prod_{j=1, j \neq i}^{N} \frac{\tau - \tau_j}{\tau_i - \tau_j} \qquad (4-20)$$

且有

$$L_i(\tau_j) = \begin{cases} 1 & i = j \\ 0 & i \neq j \end{cases} \qquad (4-21)$$

$$L_i^*(\tau_j) = \begin{cases} 1 & i = j \\ 0 & i \neq j \end{cases} \qquad (4-22)$$

将式（4-14）求微分，可得

$$\dot{x}(\tau) \approx \dot{X}(\tau) = \sum_{i=0}^{N} x(\tau_i) \dot{L}_i(\tau) \qquad (44-23)$$

定义一个 $N \times (N+1)$ 矩阵 $\boldsymbol{D}_{ki}$ $(k = 1, \cdots, N)$，使得

$$\boldsymbol{D}_{ki} = \dot{L}_i(\tau_k) = \sum_{l=0}^{N} \Big[ \prod_{j=0, j \neq i, l}^{N} (\tau_k - \tau_j) \Big/ \prod_{j=0, j \neq i}^{N} (\tau_i - \tau_j) \Big]$$

$$\qquad (4-24)$$

联立式（4-24）和式（4-14）可得

$$\sum_{i=0}^{N} D_{k \times i} x(t_i) = (t_f - t_0) f[x(\tau_k), u(\tau_k), t_0, t_f]/2$$

$$\qquad (4-25)$$

经过上述处理，原问题可转换为寻找满足式（4-25）时的控制和状态量，使性能指标函数式（4-9）取最小值，并满足式（4-14）、式（4-15）和式（4-16）的约束条件。这类问题可以用成熟的非线性规划方法或矩阵分析方法进行求解。为简化最优控制算法求解的复杂性，将所需的动力学方程转换成对真近点角 $\theta$ 的导数，即方程（2-23）对时间的导数转换成对真近点角 $\theta$ 的导数，则可得以 $\Lambda$，$\alpha$，$\Lambda'$ 和 $\alpha'$ 为状态量的无量纲方程

$$
\begin{cases}
\Lambda'' = -\mu_1 \Lambda'^2/\Lambda + \mu_2 \Lambda \left[(1+\alpha')^2 + 3C^2\alpha - 1\right] - u_l \\
\alpha'' = -(1+\alpha')(2+\mu_3)\Lambda'/\Lambda - 1.5S(2\alpha)
\end{cases}
$$

$$(4-26)$$

式中　　$u_l = T_t M / [m_1 \Lambda \omega^2 l_c (m_2 + m_t)]$ ；

$\Lambda = l/l_c$ ，$l_c$ ——系绳的参考长度；

$\Lambda'$ ，$\alpha'$ ——$\Lambda$ 和 $\alpha$ 对 $\theta$ 的一阶导数；

$\Lambda''$ ，$\alpha''$ ——$\Lambda$ 和 $\alpha$ 对 $\theta$ 的二阶导数；

$\theta$ ——TSS 质心轨道的真近点角，且 $\theta = \omega t$ ；

$\omega$ ——TSS 质心轨道的角速率。

### 4.2.2.3　最优化分析

根据直接法所求出的解会出现非最优的情况，因此有必要对直接法所得的解进行最优性验证，以此来判断本文根据 Gauss 所求出的解是否是最优解。最优控制问题最优解的一阶必要条件可借助协态信息进行分析。定义 Hamilton 函数

$$
H(x,\lambda,\kappa,u) = \psi(x,u) + \lambda^T(t)f(x,u) - \kappa^T(t)h(x,u)
$$

$$(4-27)$$

式中　　$\lambda(t) \in R^n$ ——协态矢量；

$\kappa(t) \in R^c$ ——与一般路径约束 $h$ 有关的 KKT 乘子矢量。

因此，连续时间一阶最优性条件为

$$
\begin{cases}
\mathrm{d}x/\mathrm{d}t = f(x,u) = \partial H/\partial \lambda \\
\mathrm{d}\lambda/\mathrm{d}t = -\partial\psi/\partial x - \lambda^T\partial f/\partial x + \kappa^T\partial h/\partial x = -\partial H/\partial x \\
0 = \partial\psi/\partial u - \lambda^T\partial f/\partial u + \kappa^T\partial h/\partial u = \partial H/\partial u \\
G[x(t_0),x(t_f)] = 0 \\
\lambda(t_0) = \nu^T\partial G/\partial x(t_0) ,\lambda(t_f) = \nu^T\partial G/\partial x(t_f) \\
\kappa_j(t)h_j(x,u) = 0, \kappa_j(t) \leqslant 0 \quad (j = 1,2,\cdots,c)
\end{cases}
$$

$$(4-28)$$

式中　　$\nu$ ——与边界条件 $G$ 有关的 Lagrange 乘子矢量。

由协态映射定理可知：所求得的状态变量 $x$ ，控制变量 $u$ 以及协态变量 $\lambda$ 必然同时满足式（4-28）中的状态方程，协态方程和边

界条件。将 Hamilton 函数对时间求导，可得

$$\mathrm{d}H/\mathrm{d}t = (\partial H/\partial x)^{\mathrm{T}}\dot{x}(t) + (\partial H/\partial u)^{\mathrm{T}}\dot{u}(t) + (\partial H/\partial \lambda)^{\mathrm{T}}\dot{\lambda}(t) + \partial H/\partial t$$

$$(4-29)$$

在最优轨线上，有

$$\dot{x}(t) = \frac{\partial H}{\partial \lambda},\frac{\partial H}{\partial u} = 0,\dot{\lambda}(t) = -\frac{\partial H}{\partial x} \qquad (4-30)$$

因此，式（4-29）可写成

$$\mathrm{d}H/\mathrm{d}t = \partial H/\partial t \qquad (4-31)$$

式（4-31）表明：沿最优控制和最优轨线 Hamilton 函数对时间的全导数与对时间的偏导数相等，而本文中的 Hamilton 函数不显含时间 $t$，则有

$$H(t) = \mathrm{const} \qquad t \in [t_0,t_f]$$

这说明当所求的解为最优解时，Hamilton 函数沿最优轨线保持常数。

## 4.3　相对位置保持的控制方法

### 4.3.1　系绳为拉紧状态下构建的变结构控制法

#### 4.3.1.1　控制参数期望轨迹的构建

由 3.4.3.2 节的研究可知此时控制参数为 $l$，$\alpha$，$\dot{l}$ 和 $\dot{\alpha}$。子星与目标的几何关系如图 4-1 所示。

由图 4-1 的几何关系可知 TSS 质心到子星的绳长和面内摆角期望值分别为

$$\begin{cases} l_2 = \sqrt{(R_p + y)^2 + R^2 - 2R(R_p + y)C(u - u_p)} \\ \alpha = a\tan2[-RS(u - u_p),{}^P y - RC(u - u_p) + R_p] + u_p - u \end{cases}$$

$$(4-32)$$

式（4-32）对时间求导可得 $l_2$ 和 $\alpha_r$ 的速率分别为

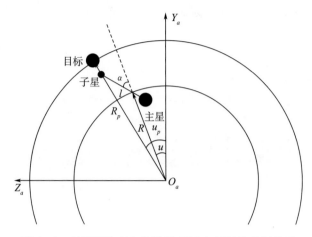

图 4-1　子星到达交会位置时 TSS 与目标的几何关系

$$\begin{cases} \dot{l}_2 = \dfrac{R(\dot{u} - \dot{u}_p)({}^p y + R_p) S(u - u_p)}{l_2} \\ \dot{\alpha} = \dfrac{\alpha_c}{l_2^2 - \dot{u} + \dot{u}_p} \end{cases} \tag{4-33}$$

其中，式（4-33）的 $\alpha_c$ 为

$$\alpha_c = -R(\dot{u} - \dot{u}_p)[({}^p y + R_p) C(u - u_p) - R] \tag{4-34}$$

将式（4-33）继续对时间求导，可得 $l_2$ 和 $\alpha_r$ 的加速率分别为

$$\begin{cases} \ddot{l}_2 = \dfrac{R(\dot{u} - \dot{u}_p)\dot{l}_{2c}}{l_2^2} \\ \ddot{\alpha} = \dfrac{(\dot{\alpha}_c l_2 - 2\alpha_c \dot{l}_2)}{l_2^3} \end{cases} \tag{4-35}$$

式（4-35）中的 $\dot{l}_{2c}$ 和 $\dot{\alpha}_c$

$$\dot{l}_{2c} = (\dot{u} - \dot{u}_p)({}^p y + R_p) C(u - u_p) l_2 - \dot{l}_2({}^p y + R_p) S(u - u_p)$$

$$\dot{\alpha}_c = R(\dot{u} - \dot{u}_p)^2 ({}^p y + R_p) S(u - u_p)$$

$l$ 的表达式可根据 $l_2$ 和式（2-12）求取，即

$$l = \dfrac{m_1^0}{\rho} - \sqrt{\left(\dfrac{m_1^0}{\rho}\right)^2 - \dfrac{2M l_2}{\rho}} \tag{4-36}$$

由式（4-36）可得系绳的释放速率为

$$\dot{l} = \frac{M\dot{l}_2}{\left[ \rho \sqrt{\left(\dfrac{m_1^0}{\rho}\right)^2 - \dfrac{2Ml_2}{\rho}} \right]} \qquad (4-37)$$

继续将式（4-37）对时间求导，可得系绳加速率为

$$\ddot{l} = M(\ddot{l}_2 \Delta l + \dot{l}_2 \dot{l}) / \left\{ \rho \left[ \left(\dfrac{m_1^0}{\rho}\right)^2 - \dfrac{2Ml_2}{\rho} \right]^2 \right\} \qquad (4-38)$$

式中　　$\Delta l = \sqrt{\left(\dfrac{m_1^0}{\rho}\right)^2 - \dfrac{2Ml_2}{\rho}}$ 。

与 4.2.1.1 节一样，若系绳的长度与实际长度存在 $\Delta l$ 的偏差，则仍按式（4-1）进行修正。

#### 4.3.1.2　控制算法的构建及其稳定性分析

由式（4-36）可得系绳长度的运动轨迹，其控制方法仍采用系绳速率控制。系绳面内摆角的控制方法仍按 4.2.1.2 节所提的变结构控制法，即设计控制力 $Q_a$ 为

$$Q_a = m_a \left[ (\dot{\theta} + \dot{\alpha})(2 + \mu_3) \dot{l}/l + \frac{1.5\mu S(2\alpha)}{R^3} + \ddot{\theta} \right] -$$
$$k_a s_a - \rho_a \operatorname{sgn}(s_a) - c_a m_a \dot{e}_a + m_a \ddot{\alpha}_d$$

$$(4-39)$$

此时，面内摆角运动的稳定性可按 4.2.1.2 节的分析方法进行相同的验证，这里不再重复证明。

### 4.3.2　系绳为松弛状态下构建的变结构控制法

本节与 4.3.1 节的最大不同点在于子星到达交会位置时，本节方法在子星释放后系绳变为松弛状态，为保证系绳一直为松弛状态，必须保证系绳的释放速率大于或等于主星和子星的距离变化率。显然，主星和子星的距离变化率不但与子星的运动有关，而且也与主星的运动有关，而主星的运动与主星的轨道有关。为此，在设计本节的控制算法前，将先对主星轨道的变化进行详细的分析。

#### 4.3.2.1　系绳松弛对主星轨道的影响分析

由 3.3.2 节的分析可知：当 $\beta = \dot{\beta} = 0$ 时，可使子星释放后主星和子星的轨道倾角和升交点赤经保持不变。因此，问题可转换成研究子星的释放对主星轨道偏心率的影响，由轨道运动知识[119]可知其表达式为

$$e_1 = \sqrt{\left[\left(r_1 v_1^2 / \mu\right) - 1\right]^2 C^2 \phi_1 + S^2 \phi_1} \qquad (4-40)$$

其中

$$\phi_1 = \frac{\pi}{2} - C^{-1}\left(\left|\boldsymbol{r}_1 \cdot \boldsymbol{v}_1\right| / r_1 v_1\right) \cdots \boldsymbol{r}_1 \cdot \boldsymbol{v}_1 \geqslant 0$$

$$\phi_1 = -\frac{\pi}{2} + C^{-1}\left(\left|\boldsymbol{r}_1 \cdot \boldsymbol{v}_1\right| / r_1 v_1\right) \cdots \boldsymbol{r}_1 \cdot \boldsymbol{v}_1 \leqslant 0$$

（1）圆

由式（4-40）可得欲使子星释放后的轨道为圆轨道，当且仅当系绳参数满足：$S^2 \phi_1 = 0$；$r_1 v_1^2 / \mu = 1$。则

$$\begin{cases} \dot{\alpha} S\alpha = 0 \\ r_1 v_1^2 / \mu = 1 \end{cases} \qquad (4-41)$$

分析式（4-41）的第 1 式可知存在以下 3 种情况：$\dot{\alpha} = 0, S\alpha \neq 0$；$\dot{\alpha} \neq 0, S\alpha = 0$；$\dot{\alpha} = 0, S\alpha = 0$。

1）当 $\dot{\alpha} = 0, S\alpha \neq 0$ 时，可得

$$l_1 \left(l_1 + 2RC\alpha\right) = 0 \qquad (4-42)$$

考虑到 $l_1 \neq 0$，则

$$C\alpha = -l_1 / (2R) \qquad (4-43)$$

2）当 $\dot{\alpha} \neq 0, S\alpha = 0$ 时，可得

$$\begin{cases} \left[l_1 \left(\omega + \dot{\alpha}\right) + \omega R\right]^2 = \omega^2 R^3 / (R + l_1) \cdots C\alpha = 1 \\ \left[l_1 \left(\omega + \dot{\alpha}\right) - \omega R\right]^2 = \omega^2 R^3 / (R - l_1) \cdots C\alpha = -1 \end{cases} \qquad (4-44)$$

考虑到 $l_1 \neq 0$，则由式（4-44）可得此时系绳参数须满足的条件为

$$\begin{cases} \dot{\alpha} = \omega R \left[-1 + \sqrt{R/(R + l_1)}\right] / l_1 - \omega \cdots C\alpha = 1 \\ \dot{\alpha} = \omega R \left[1 - \sqrt{R/(R - l_1)}\right] / l_1 - \omega \cdots C\alpha = -1 \end{cases} \qquad (4-45)$$

3）当 $\dot{\alpha}=0$，$S\alpha=0$ 时，可得 $l_1=0$。这种情况不在本文的研究范围之内。

（2）抛物线和双曲线

由式（4-40）可得欲使子星释放后的轨道为抛物线或双曲线轨道，则系绳参数必须满足式（4-46）和式（4-47）中的其中一个。

$$r_1^2 v_1^2 = (Rl_1\dot{\alpha}S\alpha)^2 \qquad (4-46)$$

$$\frac{r_1 v_1^2}{\mu} = 2 \qquad (4-47)$$

分析式（4-46）可得

$$l_1^2 R^2 \dot{\alpha}^2 S^2\alpha > \omega^2 R^4 \qquad (4-48)$$

式（4-48）对于 $S\alpha=0$ 的情况一定不成立，对于 $S\alpha \neq 0$ 的情况，考虑到 $R \gg l_1$，这说明需要 $\dot{\alpha} \gg \omega$，这种情况不符合实际。

在分析式（4-47）前，先分析 $r_1 v_1^2$ 的最大值。令 $f(\alpha_l)=(r_1 v_1^2)_{max}$，则 $f'(\alpha_l)$ 和 $f''(\alpha_l)$ 应满足 $f'(\alpha_l)=0$ 和 $f''(\alpha_l)<0$ 的关系。由 $f'(\alpha_l)=0$ 可推出 $S\alpha=0$，根据 $f''(\alpha_l)<0$ 可得

$$Rl_1 C\alpha [v_1^2 + 2r_1^2\omega(\omega+\dot{\alpha})] > 0 \qquad (4-49)$$

由 $S\alpha=0$ 可知 $C\alpha$ 存在以下 2 种情况。

1）$C\alpha=1$，则原问题转化成以下问题

$$v_1^2 + 2r_1^2\omega(\omega+\dot{\alpha}) > 0 \qquad (4-50)$$

将式（2-46）代入式（4-50）可得 $\dot{\alpha}$ 满足以下 2 个条件之一，即可

$$\begin{cases} \dot{\alpha} > -\omega\left[(R^2+l_1^2+3Rl_1)-(R+l_1)\sqrt{R^2+l_1^2+4Rl_1}\right]/l_1^2 - \omega \\ \dot{\alpha} < -\omega\left[(R^2+l_1^2+3Rl_1)+(R+l_1)\sqrt{R^2+l_1^2+4Rl_1}\right]/l_1^2 - \omega \end{cases}$$
$$(4-51)$$

显然，$\dot{\alpha}$ 满足下面条件时符合实际情况

$$\dot{\alpha} > -\omega\left[-(R+l_1)\sqrt{R^2+l_1^2+4Rl_1}+(R^2+l_1^2+3Rl_1)\right]/l_1^2 - \omega$$
$$(4-52)$$

对于此种情况由式（4-47）可解得

$$\dot{\alpha} = \omega R \left[ -1 \pm \sqrt{2R/(R+l_1)} \right]/l_1 - \omega \qquad (4-53)$$

考虑到 $l_1 \ll R$ ，则

$$\dot{\alpha} = \omega R \left[ -1 + \sqrt{2R/(R+l_1)} \right]/l_1 - \omega \qquad (4-54)$$

显然满足式（4-52）的条件。

2）$C_\alpha = -1$，此时原问题转换成以下问题

$$v_1^2 + 2r_1^2 \omega (\omega + \dot{\alpha}) < 0 \qquad (4-55)$$

将式（2-46）代入式（4-55）可求得 $\dot{\alpha}$ 应满足的条件为

$$-\omega \left[ (R-l_1)\sqrt{R^2+l_1^2-4Rl_1} + (R^2+l_1^2-3Rl_1) \right]/l_1^2 - \omega < \dot{\alpha}$$
$$< -\omega \left[ -(R-l_1)\sqrt{R^2+l_1^2-4Rl_1} + (R^2+l_1^2-3Rl_1) \right]/l_1^2 - \omega$$
$$\qquad (4-56)$$

对于此种情况，考虑到 $l_1 \ll R$ ，则

$$\dot{\alpha} = \frac{\omega R \left[ 1 - \sqrt{2R/(R-l_1)} \right]}{l_1} - \omega$$

对 $\dot{\alpha}$ 进一步分析可得其满足式（4-56）的条件，此时 $\dot{\alpha}$ 的范围为

$$\dot{\alpha} \geqslant \omega R \left[ -1 + \sqrt{2R/(R+l_1)} \right]/l_1 - \omega \qquad (4-57)$$

$$\dot{\alpha} \leqslant \omega R \left[ 1 - \sqrt{2R/(R-l_1)} \right]/l_1 - \omega \qquad (4-58)$$

同理，可分析 $r_1 v_1^2$ 取极小值时 $\dot{\alpha}$ 的范围为

$$\dot{\alpha} \leqslant \omega R \left[ 1 + \sqrt{2R/(R-l_1)} \right]/l_1 - \omega \qquad (4-59)$$

$$\dot{\alpha} \geqslant -\omega R \left[ 1 + \sqrt{2R/(R+l_1)} \right]/l_1 - \omega \qquad (4-60)$$

联立式（4-57）、式（4-58）、式（4-59）和式（4-60）可得 $\dot{\alpha}$ 的范围应属于下式中的其中一个

$$\omega R \left[ -1 + \sqrt{2R/(R+l_1)} \right]/l_1 - \omega \leqslant \dot{\alpha} \leqslant \omega R \left[ 1 + \sqrt{2R/(R-l_1)} \right]/l_1 - \omega$$
$$\qquad (4-61)$$

$$-\omega R \left[ 1 + \sqrt{2R/(R+l_1)} \right]/l_1 - \omega \leqslant \dot{\alpha} \leqslant \omega R \left[ 1 - \sqrt{2R/(R-l_1)} \right]/l_1 - \omega$$
$$\qquad (4-62)$$

由式（4-40）可得欲使子星释放后的轨道为双曲线轨道，则

$r_1 v_1^2$ 应满足

$$r_1 v_1^2 / \mu > 2 \qquad (4-63)$$

由前面的分析可得式（4-63）成立的条件是 $\dot{\alpha}$ 应满足下面 2 个条件的其中之一

$$\dot{\alpha} > \omega R[-1 + \sqrt{2R/(R+l_1)}]/l_1 - \omega \qquad (4-64)$$

$$\dot{\alpha} < \omega R[1 - \sqrt{2R/(R-l_1)}]/l_1 - \omega \qquad (4-65)$$

（3）椭圆

对于子星释放后的轨道形状为椭圆的情况，此时

$$0 < e_1 < 1 \qquad (4-66)$$

由式（4-66）和式（4-67）的分析可得此时 $\dot{\alpha}$ 应满足如下条件

$$\omega R[1 - \sqrt{2R/(R-l_1)}]/l_1 - \omega < \dot{\alpha} < \omega R[-1 + \sqrt{2R/(R+l_1)}]/l_1 - \omega$$
$$(4-67)$$

联立式（4-43）、式（4-45）、式（4-61）、式（4-62）、式（4-64）、式（4-65）和式（4-67）上述分析结果可得轨道形状与 $\alpha$ 和 $\dot{\alpha}$ 之间的关系可用概括成如表 4-1 所示的形式。

表 4-1　主星轨道形状和系绳参数的关系

| 轨道形状 | $\dot{\alpha}$ | $\alpha$ |
|---|---|---|
| 圆轨道 | $\dot{\alpha} = 0$ | $C\alpha = -l_1/2R$ |
| | $\dot{\alpha} = \omega R[-1 + \sqrt{R/(R+l_1)}]/l_1 - \omega$ | $C\alpha = 1$ |
| | $\dot{\alpha} = \omega R[1 - \sqrt{R/(R-l_1)}]/l_1 - \omega$ | $C\alpha = -1$ |
| 椭圆轨道 | $\dot{\alpha} \in (\omega R[1 - \sqrt{2R/(R-l_1)}]/l_1 - \omega,$ $\omega R[-1 + \sqrt{2R/(R+l_1)}]/l_1 - \omega)$ | 根据 $e_1$ 和 $\dot{\alpha}$ 的大小来求取 |
| 抛物线轨道 | $\dot{\alpha} \in \{\omega R[-1 + \sqrt{2R/(R+l_1)}]/l_1 - \omega,$ $\omega R[1 + \sqrt{2R/(R-l_1)}]/l_1 - \omega\}$ 或 $\dot{\alpha} \in \{-\omega R[1 + \sqrt{2R/(R+l_1)}]/l_1 - \omega,$ $\omega R[1 - \sqrt{2R/(R-l_1)}]/l_1 - \omega\}$ | 根据 $\dot{\alpha}$ 的大小来求取 |

**续表**

| 轨道形状 | $\dot{\alpha}$ | $\alpha$ |
|---|---|---|
| 双曲线<br>轨道 | $\dot{\alpha} \in \{\omega R[-1+\sqrt{2R/(R+l_1)}]/l_1-\omega,\infty\}$<br>或<br>$\dot{\alpha} \in \{-\infty,\omega R[1-\sqrt{2R/(R-l_1)}]/l_1-\omega\}$ | 根据 $e_1$ 和 $\dot{\alpha}$ 的<br>大小来求取 |

　　为验证表 4 - 1 所给结论的正确性，可将表 4 - 1 所得出的偏心率和系绳参数的结果与按式（4 - 40）所得出的结果进行比较，即如下文所述。

　　取子星释放瞬间主星到 TSS 质心的绳长为 20 km；TSS 质心的轨道半径 $R = 7\ 078$ km；$\mu = 3.987\ 784\ 8 \times 10^5$ km$^3$/s$^2$。此时 $\alpha$ 在 $[0 \quad \pi]$，$\dot{\alpha}$(rad/s) 在 $[-0.2 \quad 0.2]$ 变化时，主星释放后偏心率最大值的变化如图 4 - 2 所示：

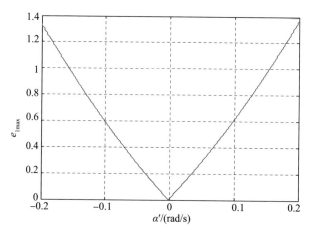

图 4 - 2　主星偏心率最大值的变化

　　其中，图 4 - 2 中 $\dot{\alpha}$ 轴表示面内摆角角速率 $\dot{\alpha}$(rad/s) 在 $[-0.2 \quad 0.2]$ 范围内的变化值，$e_{1\max}$ 轴表示各个 $\dot{\alpha}$ 所对应偏心率所能达到的最大值。

　　进一步对图 4 - 2 中的数据进行分析，可得主星释放后的轨道形状为圆、椭圆、抛物线和双曲线时，系绳参数所需满足的条件见表 4 - 2。

表 4 - 2  $\dot{\alpha}$ 与主星轨道偏心率的关系

| $e_1$ | | $\dot{\alpha}/(\text{rad/s})$ | |
| --- | --- | --- | --- |
| 表 4 - 1 | 图 4 - 2 | 表 4 - 1 | 图 4 - 2 |
| 0 | $1.88 \times 10^{-5}$ | 0 | 0 |
| 0 | $2.28 \times 10^{-5}$ | $-1.59 \times 10^{-3}$ | $-1.585 \times 10^{-3}$ |
| 0 | $3.47 \times 10^{-5}$ | $-1.592 \times 10^{-3}$ | $-1.585 \times 10^{-3}$ |
| $e_1 \in (0,1)$ | $e_1 \in (0,1)$ | $\dot{\alpha} \in [-0.157\,267, 0.153\,646]$ | $\dot{\alpha} \in [-0.157\,262, 0.153\,615]$ |
| $e_1 \in [1,\infty]$ | $e_1 \in [1,\infty]$ | $\dot{\alpha} \in [0.153\,647, 0.2]$ 或 $\dot{\alpha} \in [-0.2, -0.157\,268]$ | $\dot{\alpha} \in [0.153\,669, 0.2]$ 或 $\dot{\alpha} \in [-0.2, -0.157\,316]$ |

表 4 - 2 中的表 4 - 1 和图 4 - 2 是指按表 4 - 1 的结论和按图 4 - 2，即按式（4 - 40）计算所得出的子星偏心率和面内摆角角速率的值，偏心率的截断误差为 $5 \times 10^{-6}$ ，角速率的截断误差为 $5 \times 10^{-5}$ 。结果表明表 4 - 1 与按式（4 - 40）所得出的结果相一致。

由于仿真中 $\alpha$ 在 $[0 \quad \pi]$ 的范围每隔 $0.1\pi$ 取一个值，而 $\dot{\alpha}$ 在 $[-0.2 \quad 0.2]$ 的范围每隔 $5.3 \times 10^{-5}$ 取一个值，使得图 4 - 2 仿真中的 $\dot{\alpha}$ 与表 4 - 1 的 $\dot{\alpha}$ 的条件存在一定的偏差。

由前面的分析可知，主星偏心率的最大值与 TSS 质心到主星连接点的长度有关，且该长度值越大，主星偏心率的最大值也越大，如取 TSS 质心到主星连接点的长度为 0.5 km，则此时 $\dot{\alpha}$ 与主星偏心率的变化如图 4 - 3 所示。

考虑到本文的研究主星的质量远大于子星的质量，且 $\dot{\alpha} < 5 \times 10^{-3}$ rad/s，由图 4 - 3 的分析可得，此时主星偏心率的变化要小于 $5 \times 10^{-4}$ ，因此，本文主星运行的轨道可认为保持不变。

### 4.3.2.2 控制算法的构建及其稳定性分析

考虑到本文的研究是以目标航天器运行在圆轨道上为例，且子星释放时子星与目标航天器的距离相对地心与目标航天器的距离来说是一个小量，故本章对共面目标的相对运动学模型可简化成如下

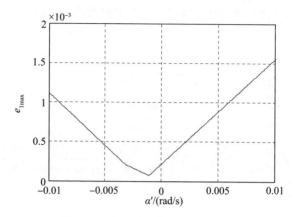

图 4 - 3　主星偏心率最大值的变化

的形式

$$\begin{cases} \ddot{y} - 2\omega_p\dot{z} - 3\omega_p^2 y = a_y \\ \ddot{z} + 2\omega_p\dot{y} = a_z \end{cases} \tag{4-68}$$

其中，式（4-68）中的 $y$ 和 $z$ 指子星与目标航天器的相对位置在目标航天器轨道坐标系下的表示，$\omega_p$ 为目标质心的轨道角速率，$a_y$ 和 $a_z$ 表示沿 $y$ 和 $z$ 方向上的控制量。

$a_y$ 和 $a_z$ 可设计为

$$\begin{cases} a_y = -2\omega_p\dot{z} - 3\omega_p^2 y - k_y s_y - \rho_y \mathrm{sgn}(s_y) - c_y\dot{e}_y + \ddot{y}_d \\ a_z = 2\omega_p\dot{y} - k_z s_z - \rho_z \mathrm{sgn}(s_z) - c_z\dot{e}_z + \ddot{z}_d \end{cases}$$

$$\tag{4-69}$$

式中　$s_y = \dot{e}_y + c_y e_y$，$e_y = y - y_d$，$s_z = \dot{e}_z + c_z e_z$，$e_z = z - z_d$；$c_y$，$k_y$，$\rho_y$，$c_z$，$k_z$，$\rho_z$ 为正数。

在控制器 $a_y$ 和 $a_z$ 的作用下，控制目标可以实现。

这里以 $a_y$ 作用下的 $y$ 轴方向稳定性的分析为例，$z$ 轴方向的稳定性可按相同的方法进行分析。

考虑 Lyapunov 函数 $V_y = 0.5(s_y)^2$，将 $V_y$ 对时间求导可得

$$\dot{V}_y = s_y\dot{s}_y = s_y(c_y\dot{e}_y + \ddot{y} - \ddot{y}_d) = s_y[2\omega_p^2 y + 3\omega_p\dot{z} + a_y + c_y\dot{e}_y - \ddot{y}_d]$$

$$\tag{4-70}$$

将 $a_y$ 代入式（4 - 70）可得

$$\dot{V}_y = s_y [-k_y s_y - \rho_y \mathrm{sgn}(s_y)] = -k_y (s_y)^2 - \rho_y |s_y|$$

$$(4 - 71)$$

取 $k_y > 0$，则有 $\dot{V}_y \leqslant -\rho_y |s_y|$。故 $s_y \equiv 0$ 可以在有限时间内到达。在 $s_y \equiv 0$ 上有 $\dot{e}_y + c_y e_y = 0$，解此等式可得 $e_y = e_y(0) \mathrm{e}^{-c_y t}$，即在 $s_y \equiv 0$ 上 $\dot{e}_y$ 和 $e_y$ 也是指数收敛的。

## 4.3.3　控制误差的分析

### 4.3.3.1　控制误差产生的原因

在子星与共面目标执行相对位置保持任务时，控制参数的选取包括以下 2 种情况：当系绳为拉紧状态时，控制参数为系绳长度和面内摆角以及相应的角速率；当系绳为松弛状态时，控制参数为子星与目标在目标质心轨道坐标系下的相对位置和相对速度。

在这 2 种情况中，控制误差的来源主要包括以下 5 个方面：1）动力学方程推导所用的假设条件；2）动力学方程推导过程中的近似；3）外部力的预测误差；4）执行机构的误差；5）控制参数初始值的确定。

其中前 2 个因素可以通过动力学方程的合理设计来减少其带来的误差；第 3 和第 4 个因素是控制算法固有的因素，可以通过采用成熟的技术来减少这 2 个因素带来的影响；最后 1 个因素在本文主要是与控制参数初始值的设计有关，即与控制参数在交会关键点上的设计有关，且其设计结果的好坏不但对所需控制力的大小影响非常明显，而且对控制精度的影响也非常明显，故本节下文将对其设计方法进行必要的分析与研究。

### 4.3.3.2　控制参数初始值的修正方法

4.3.3.1 节指出控制参数的初始值对控制力和控制结果的影响都非常明显，且可以通过初始值的设计来使控制力和控制结果更为合理，而如何设计控制参数的初始值将是本节着重解决的问题，分以下 2 种情况。

(1) 针对系绳为拉紧状态的情况

此时，控制参数 $l$ ，$\alpha$ ，$\dot{l}$ 和 $\dot{\alpha}$ 在交会关键点的大小可按式（4 -32）、式（4 - 35）、式（4 - 36）和式（4 - 37）的关系进行设计，即

$$
\begin{cases}
l = m_1^0/\rho - \sqrt{(m_1^0/\rho)^2 - 2Ml_2/\rho} \\
\alpha = a\tan2[-RS(u - u_p), {}^P y - RC(u - u_p) + R_p] + u_p - u \\
\dot{l} = M\dot{l}_2 / [\rho\sqrt{(m_1^0/\rho)^2 - 2Ml_2/\rho}] \\
\dot{\alpha} = \alpha_c/l_2^2 - \dot{u} + \dot{u}_p
\end{cases}
$$

$$(4 - 72)$$

式（4 - 72）中 $l_2$ ，$\dot{l}_2$ 和 $\alpha_c$ 为

$$
\begin{cases}
l_2 = \sqrt{(R_p + y)^2 + R^2 - 2R(R_p + y)C(u - u_p)} \\
\dot{l}_2 = R(\dot{u} - \dot{u}_p)({}^p y + R_p)S(u - u_p)/l_2 \\
\alpha_c = -R(\dot{u} - \dot{u}_p)[({}^p y + R_p)C(u - u_p) - R]
\end{cases}
$$

$$(4 - 73)$$

(2) 针对系绳为松弛状态的情况

此时，控制参数为子星与目标在目标航天器质心轨道坐标系下的相对位置和相对速度。本文以在 Y 轴方向的相对位置分量不为 0且其他控制参数均为 0 的情况为例，则在交会关键点上可通过系绳参数 $l$ ，$\alpha$ ，$\dot{l}$ 和 $\dot{\alpha}$ 的设计来对控制参数初始值进行修正，即取

$$
\begin{cases}
l = m_1^0/\rho - \sqrt{(m_1^0/\rho)^2 - 2Ml_2/\rho} \\
\alpha = a\tan2[-RS(u - u_p), {}^P y - RC(u - u_p) + R_p] + u_p - u \\
\dot{l} = M\dot{l}_2 / [\rho\sqrt{(m_1^0/\rho)^2 - 2Ml_2/\rho}] \\
\dot{\alpha} = [-\dot{\theta}RC\alpha + \dot{\theta}_p R_p C(u + \alpha - u_p)]/l_2 - \dot{\theta}
\end{cases}
$$

$$(4 - 74)$$

此时 $\dot{l}_2 = -\dot{\theta}RS\alpha + \dot{\theta}_p R_p S(u + \alpha - u_p)$ ，$l_2$ 的表达式与本节情况 (1) 相同。

## 4.4　相对姿态保持的控制方法

### 4.4.1　相对姿态动力学方程

由式（2-29）可得姿态跟踪的误差动力学方程为

$$J\dot{\omega} = -(\omega + C_r\omega_r)^\times J(\omega + C_r\omega_r) + J(\omega^\times C_r\omega_r - C_r\dot{\omega}_r) + u + r_l^\times T_l + z$$

$$(4-75)$$

$$\dot{\varepsilon} = 0.5(\varepsilon^\times + \varepsilon_0 I)\omega \qquad (4-76)$$

$$\dot{\varepsilon}_0 = -0.5\varepsilon^T\omega \qquad (4-77)$$

式中　$\omega_r$——目标航天器本体坐标系相对惯性系的角速度在目标航天器本体坐标系中的描述；

　　　$\omega$——子星本体坐标系相对目标航天器本体坐标系的误差角速度在子星本体坐标系中的描述；

　　　$\omega + C_r\omega_r$——子星本体坐标系相对惯性系的角速度，$(\varepsilon_0, \varepsilon)$为目标航天器本体坐标系到子星体坐标系的误差四元素；

　　　$z$——外干扰力矩在子星本体坐标系中描述；

　　　$r_l$——系绳拉力的力臂（大小未知）在子星本体坐标系中描述；

　　　$T_l$——系绳拉力在子星本体坐标系中描述；

　　　$C_r$——目标航天器本体坐标系到子星体坐标系的方向余弦矩阵。

由式（2-31）可得

$$C_r = (\varepsilon_0^2 - \varepsilon^T\varepsilon)I + 2\varepsilon\varepsilon^T - 2\varepsilon_0\varepsilon^\times \qquad (4-78)$$

$(C_r\omega_r)^\times J - J(C_r\omega_r)^\times$ 为反对称阵，则 $x^T[(C_r\omega_r)^\times J - J(C_r\omega_r)^\times]x = 0$ 对任意的 $x \in R^3$ 均成立。

### 4.4.2　相对姿态保持的控制算法构建

由第 3 章的研究可知：当交会的控制策略采用绳系辅助交会的

控制策略时，除需考虑通常的干扰外，还需考虑系绳张力的影响，对子星姿态控制算法的构建提出了更高要求，且所提的算法应同时具备以下 3 个方面的特点：1) 对参数的变化具有一定鲁棒性；2) 控制器是连续的，或者只在有限的时刻上不连续；3) 能够抑制一般的依赖于状态的干扰。第一个特点的必要性是因为系绳的张力有可能会出现不能精确的情况。控制器如果不具有第二个特点，这样一来即使不使系统失稳，控制性能也会很差。控制器只有具备第三个特点才有可能用于姿态控制问题上。

　　为使所设计的相对姿态保持控制器更具通用性，本章考虑更为恶劣的情况，即在系绳拉力力臂未知的情况下（这种情况也是很容易发生的，由于在实际情况中系绳与子星的连接处是一个面而不是一个点，这使力的作用点将在该面内变化），通过选择合理的控制力矩 $u$ 来实现子星对目标的姿态跟踪，即如定理 4 - 1 所述。

　　**定理 4 - 1**　　在系绳拉力力臂未知的情况下，当子星的转动惯量已知时，可取 $u$ 如式（4 - 79）的形式来实现子星与目标的相对姿态保持

$$u = -\left[\frac{1}{2}kJ(\varepsilon_0 I + \boldsymbol{\varepsilon}^\times) + k\boldsymbol{\varepsilon}^\times J\right]\boldsymbol{\omega} - k\boldsymbol{\varepsilon}^\times JC_r\boldsymbol{\omega}_r -$$

$$k\left[(C_r\boldsymbol{\omega}_r)^\times J + J(C_r\boldsymbol{\omega}_r)^\times\right]\boldsymbol{\varepsilon} + (C_r\boldsymbol{\omega}_r)^\times JC_r\boldsymbol{\omega}_r + JC_r\dot{\boldsymbol{\omega}}_r - k_s s - \hat{r}_l^\times T_t$$

$$(4 - 79)$$

其中 $\hat{r}_l^\times$ 满足

$$\dot{\hat{r}}_l = -s^\times T_t \qquad\qquad (4 - 80)$$

　　证明：记 $s = \boldsymbol{\omega} + k\boldsymbol{\varepsilon}$ ，$e_r = r_l - \hat{r}_l$ 。取 Lyapunov 函数 $V = 0.5s^\mathrm{T} Js + 0.5e_r^\mathrm{T} e_r$ ，则

$$\dot{V} = s^{\mathrm{T}} [0.5kJ(\varepsilon^{\times} + \varepsilon_0 I)\omega + J\dot{\omega}] + e_r^{\mathrm{T}}\dot{e}_r$$

$$= s^{\mathrm{T}} \{k\varepsilon^{\times} JC_r\omega_r + k[(C_r\omega_r)^{\times} J + J(C_r\omega_r)^{\times}]\varepsilon - (C_r\omega_r)^{\times} JC_r\omega_r - JC_r\dot{\omega}_r\} +$$

$$\quad + s^{\mathrm{T}} [0.5kJ(\varepsilon^{\times} + \varepsilon_0 I) + k\varepsilon^{\times} J]\omega + s^{\mathrm{T}}u + s^{\mathrm{T}}r_l^{\times}T_t + e_r^{\mathrm{T}}\dot{e}_r$$

$$= -k\|s\|^2 + s^{\mathrm{T}}e_r^{\times}T_t + e_r^{\mathrm{T}}\dot{e}_r$$

$$= -k\|s\|^2 - e_r^{\mathrm{T}}s^{\times}T_t - e_r^{\mathrm{T}}\hat{r}_l$$

$$= -k\|s\|^2$$

$$故\ k\int_0^{+\infty}\|s\|^2\mathrm{d}t = V(0) - V(+\infty) \leqslant V(0) \Rightarrow s \in L_2[0,\ +\infty),$$

由 $\varepsilon_0$，$\varepsilon$，$\omega$，$\omega_r$，$\dot{\omega}_r$，$T_t$，$\hat{r}_l$ 有界可知 $\dot{s}$ 有界，从而 $s$ 一致连续。根据 Barbalet 引理可知：$s \to 0$。由参考文献 [133] 中的渐近等价关系定理可知 $\varepsilon \to 0$，$\omega \to 0$。

## 4.5　数字仿真

### 4.5.1　仿真条件

主星的初始质量、子星的质量、系绳的线密度、地球万有引力常量、地球半径以及 TSS 质心轨道半径、升交点赤经和轨道倾角的值分别为

$$m_1^0 = 10\ 000\ \mathrm{kg} \mathrel{、} m_2 = 100\ \mathrm{kg} \mathrel{、} \rho = 0.2\ \mathrm{kg/km} \mathrel{、}$$

$$\mu = 3.987\ 784\ 8 \times 10^5\ \mathrm{km}^3/\mathrm{s}^2 \mathrel{、} R_e = 6\ 378\ \mathrm{km}$$

$$R = 7\ 078\ \mathrm{km} \mathrel{、} \Omega_s = 45° \mathrel{、} i_s = 60°$$

目标星轨道半径 $R_p = 7\ 108\ \mathrm{km}$，升交点赤经和轨道倾角为 $\Omega_p = 45°$ 和 $i_p = 60°$。式（4-1）中绳长的修正系数取 $a = 0.005$。

子星与目标的关键点均选为位于目标航天器正下方 50 m 处，要求子星与目标的相对位置保持时间不小于 300 s，且相对位置的控制精度不低于 0.1 m(1$\sigma$)。

在初始接近段的起始时刻，目标航天器和 TSS 质心的纬度幅角

为 4. 169 08 rad 和 4. 090 31 rad，且此时刻选为子星与共面目标交会的起始时刻。子星与目标接近时的初始值取 $l_0 = 0.05$ km、$\alpha_0 = \dot{\alpha}_0 = 0$，系绳的运动轨迹函数取 $l = l_0 e^{1.4\omega t}$。接近的控制时间 $t_f = 3\ 000$ s，系绳面内摆角的终值取 $\alpha_f = \dot{\alpha}_f = 0$。

　　Gauss 伪谱法的初始状态可由最终逼近段的终止状态来确定，其终止状态可分别由 4.3.3 节中的结果给出，控制时间取 $t_f = 8\ 000$ s。

　　另一方面，相比初始接近的控制算法来说，通过弹簧的弹射来实现主星与子星的分离和借助 Gauss 伪谱法来完成子星与目标接近方法的控制精度要差。为此，下文的数字仿真是在初始接近段的初始参数和最终逼近段的终止参数均存在误差的情况下进行研究的，且在这 2 个阶段中的 $l$、$\alpha$ 和 $\dot{\alpha}$ 的误差分别为 1 m(1$\sigma$)，$10^{-3}$ rad(1$\sigma$)，$10^{-5}$ rad/s(1$\sigma$) 和 0.5 m(1$\sigma$)，$10^{-4}$ rad(1$\sigma$)，$10^{-6}$ rad/s(1$\sigma$)。

　　三轴方向外界干扰力矩的幅值均为 $2 \times 10^{-5}$ Nm。子星的转动惯量 $\boldsymbol{J}$ 为

$$J = \begin{bmatrix} 6 & -0.6 & -0.3 \\ -0.6 & 6 & -0.5 \\ -0.3 & -0.5 & 6 \end{bmatrix}$$

　　子星体坐标系相对目标星本体坐标系的误差角速度和误差 $\boldsymbol{\omega}$ 四元数分别 $\boldsymbol{\varepsilon}$ 为

$$\boldsymbol{\omega} = [1.7 \quad 1.7 \quad -1.7]^T \times 10^{-4}$$

$$\boldsymbol{\varepsilon} = [0.316 \quad 0.5 \quad -0.4 \quad -0.7]$$

## 4.5.2　仿真结果

### 4.5.2.1　接近段的仿真结果

　　本节在初始接近段的变结构控制算法中，取 $k_a = c_a = 3 \times 10^{-3}$，$\rho_a = 10^{-4}$，则系绳面内摆角的期望值和轨迹跟踪误差的变化如图 4 - 4（a）和（b）所示。

　　图 4 - 4（a）和（b）中的 $t$ 轴表示时间的变化，单位均为 s；$\alpha$

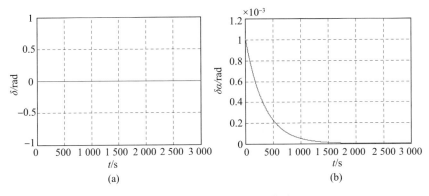

图 4 - 4　系绳参数的变化曲线

和 $\delta\alpha$ 轴分别表示面内摆角期望值和系绳面内摆角真值与期望值差值的变化，单位均为 rad。下文的仿真研究中，除非特别注明，否则含义都与此相同，不再重复说明。

　　图 4 - 4（a）表明所设计的制导律中 $\alpha$ 的值一直为 0，这说明系绳一直在系统平衡状态上运动；图 4 - 4（b）表明采用本文的变结构控制法能够实现对面内摆角运动轨迹的跟踪，且在轨迹跟踪的过程中不会出现突变现象。

　　系绳张力和面内摆角方向控制力的变化如图 4 - 5 和图 4 - 6 所示。

　　图 4 - 5 和图 4 - 6 中 $T_t$ 和 $F_\alpha$ 轴表示系绳张力和面内运动控制力变化，单位为 N。

　　由图 4 - 5 可得以下 2 条结论：系绳张力一直为正；系绳的张力随着时间的变长慢慢变大，但整个过程中系绳的张力一直不大。前一条结论说明系绳在释放过程中，不会出现松弛现象。后一条结论是因为系绳张力的产生是由于主星和子星之间的重力梯度力差形成的，然而，系绳开始释放时，主星和子星的重力梯度力差是很小的。图 4 - 6 表明整个轨迹跟踪过程中，面内摆角方向的控制力是可接受的，但是随着时间的增加，控制力将增大。由式（2 - 23）第 4 式可知是由于系绳长度增加的原因。

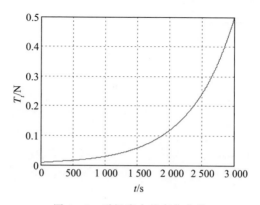

图 4-5　系绳张力的变化曲线

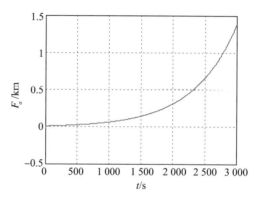

图 4-6　面内摆角方向控制力的变化曲线

　　系绳的绳长和子星与目标的相对距离如图 4-7 和图 4-8 所示。

　　图 4-7 和图 4-8 中的 $L$ 和 $d$ 轴分别表示系绳长度和子星与目标相对距离的变化，单位均为 km。

　　由图 4-7 可知系绳一直处于释放状态，且在释放的过程中不会出现突变的现象。由图 4-8 可知：系绳的释放过程中，子星与目标的相对距离正在逐步减少，但控制结束时子星与目标的相对距离仍然较远，其相对位置的变化如图 4-9（a）和（b）所示。

　　图 4-9（a）和（b）中的 $y_p$ 和 $z_p$ 轴分别表示子星与目标的相

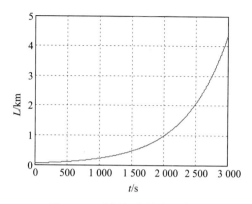

图 4 - 7　系绳长度的变化曲线

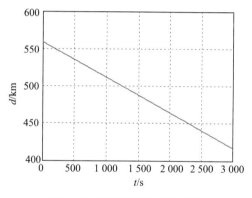

图 4 - 8　相对距离的变化曲线

对位置在目标质心轨道坐标系沿 $Y$ 和 $Z$ 轴分量的变化，单位均为 km。

3 000 s 后，针对系绳在相对位置保持段包括系绳为拉紧和松弛这 2 种情况，对最终逼近段所提的算法进行仿真。性能指标函数均取为 Lagrange 形式，即取

$$J = 0.5 \int_{\theta_0}^{\theta_f} (\Lambda'')^2 \mathrm{d}\theta$$

（1）当系绳在相对位置保持段为拉紧状态时

此时在最终逼近段系绳终止参数由式（4 - 72）给出，则子星与

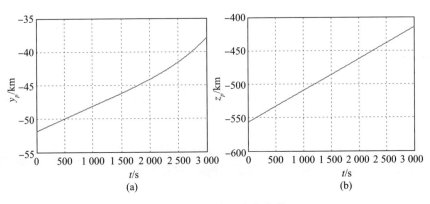

图 4 - 9　相对位置变化曲线

目标相对位置在目标质心轨道坐标系下沿 $Y$ 和 $Z$ 轴方向的变化如图 4 - 10（a）和（b）所示。

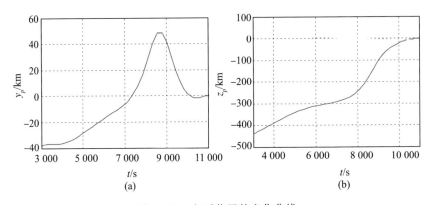

图 4 - 10　相对位置的变化曲线

由图 4 - 10（a）和（b）的数据可得相对位置在 $t = 3\,000$ s 和 $t = 13\,000$ s 时的大小分别为：— 37.923 0 km，— 415.159 4 km；— 0.053 2 km，0.003 4 km。该数据表明在 $t = 13\,000$ s 时，由于根据 Gauss 伪谱法得出的系绳参数存在误差，使子星与目标的相对位置与期望值存在偏差。这一偏差将在下文的相对位置保持控制中进行修正。

由接近段的初始和终止数据可知：在最终逼近阶段，图 4 - 10 （a）的数据表明子星会出现在目标轨道上方的情况，但由图 4 - 10 （b）的数据可知此时子星在目标的后上方，这说明子星仍在目标的后方，故不会出现碰撞问题。

系绳的长度和面内摆角的变化如图 4 - 11 （a）和（b）所示。

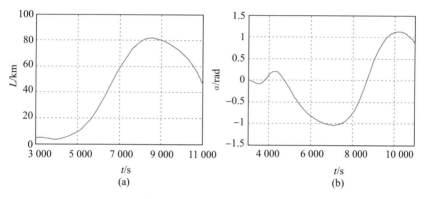

图 4 - 11　系绳参数的变化

由图 4 - 11 可得，在系绳的运动控制过程中，系绳的长度和面内摆角均不会出现突变现象，这说明系绳参数在子星轨道转移中呈现出良好的光滑性。

系绳的张力以及根据 Gauss 伪谱法和协态映射定理所得 H 函数曲线如图 4 - 12 和图 4 - 13 所示。

图 4 - 12 表明系绳张力一直为正，这说明系绳在子星的轨道转移中不会出现松弛现象。图 4 - 13 表明 Hamilton 函数的数值解随时间基本保持不变 $[H(t) \approx -0.0582]$，这说明所求的解为最优解。

（2）当系绳在相对位置保持段为松弛状态时

此时在最终逼近段系绳终止参数不再是由式（4 - 72）给出，而是由式（4 - 74）给出，则子星与目标相对位置在目标质心轨道坐标系下沿 Y 和 Z 轴方向的变化如图 4 - 14 （a）和（b）所示。

由图 4 - 14 （a）和（b）的数据可得相对位置在 $t = 3\ 000$ s 和 $t = 13\ 000$ s 时的大小分别为：$- 37.923\ 0$ km，$- 415.159\ 4$ km；

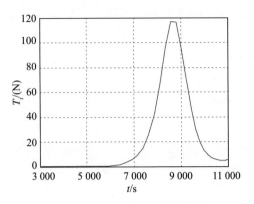

图 4 - 12　系绳张力的变化曲线

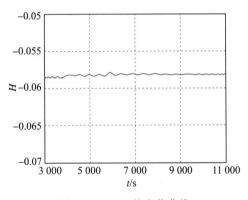

图 4 - 13　$H$ 的变化曲线

— 0.053 2 km，0.003 4 km 。与本节情况（1）存在相同的问题：由于根据 Gauss 伪谱法得出的系绳参数存在误差，使子星与目标的相对位置与期望值存在偏差。

　　由接近段的初始和终止数据可知：与图 4 - 10（a）相似，此时图 4 - 14（a）的数据表明子星也会出现在目标轨道上方的情况，但由图 4 - 14（b）的数据可知此时子星在目标的后上方，这说明子星仍在目标的后方，故不会出现碰撞问题。

　　系绳的长度和面内摆角的变化如图 4 - 15（a）和（b）所示。

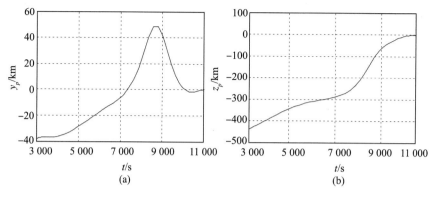

图 4 - 14  相对位置的变化曲线

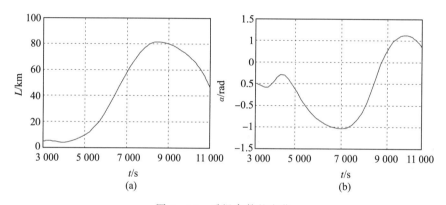

图 4 - 15  系绳参数的变化

由图 4 - 15 可得，在系绳的运动控制过程中，系绳的长度和面内摆角均不会出现突变现象，这说明系绳的运动过程呈现出良好的光滑性。

系绳的张力与根据 Gauss 伪谱法和协态映射定理所得 $H$ 函数曲线如图 4 - 16 和图 4 - 17 所示。

图 4 - 16 表明系绳的张力一直为正，这说明系绳在子星轨道转移中不会出现松弛现象。图 4 - 17 说明 Hamilton 函数的数值解随时间基本保持不变 $[H(t) \approx -0.058\ 2]$，且 $H(t)$ 的大小与图 4 - 13

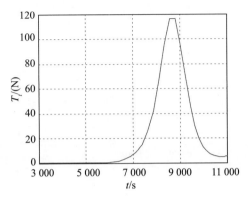

图 4 - 16　系绳张力的变化曲线

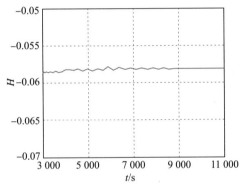

图 4 - 17　$H$ 的变化曲线

的结果相同，但是系绳参数终值在这 2 幅图中的大小是不相同的，这说明本文借助 Gauss 伪谱法来实现子星与目标的最终逼近控制方法具有鲁棒性。

### 4.5.2.2　相对位置保持的仿真结果

由 4.3 节的研究可知：在子星与共面目标的相对位置保持过程中，分系绳为拉紧和松弛状态这 2 种情况，下面给出这 2 种情况下的仿真结果。

（1）当系绳在相对位姿保持段中为拉紧状态时

此时，子星与目标相对位置在目标质心轨道坐标系下沿 $Y$ 和 $Z$ 轴方向的变化如图 4-18（a）和（b）所示。

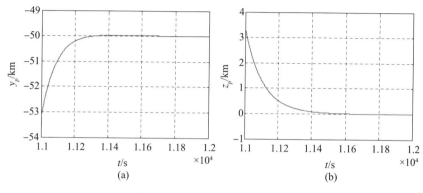

图 4-18　相对位置的变化曲线

图 4-18 中 $y_p$ 和 $z_p$ 轴的单位均为 m。从这 2 幅图看：4.3.1 节的方法能使子星与目标的交会窗口不小于 300 s；子星与目标的相对位置能够迅速的收敛到期望值附近，并具有良好的稳定性。稳态时，子星与目标的相对位置控制精度不大于 0.05 m(1σ)，满足仿真条件中所提的要求。

在延长子星与目标交会窗口过程中，系绳的张力和面内摆角方向控制力的变化曲线如图 4-19 和图 4-20 所示。

由图 4-19 可得在控制时间为 1 000 s 情况下，系绳的张力一直为正，这说明在子星与目标相对位置保持的过程中，系绳不会出现松弛现象。随着时间的增加，系绳的张力先增大后减少，这说明子星与目标的相对位置保持时间不能过长。

图 4-20 表明面内摆角的控制力的大小不超过 0.1 N，这说明即使面内摆角方向采用推进剂消耗的方式进行控制，其所需的推进剂也是很少的。

系绳的绳长和子星与目标的相对距离如图 4-21 和图 4-22 所示。

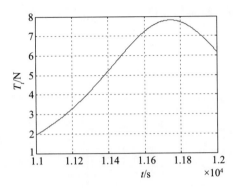

图 4 - 19　系绳张力的变化曲线

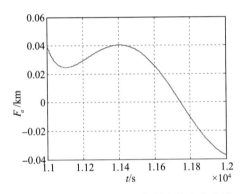

图 4 - 20　面内摆角方向控制力的变化曲线

图 4 - 22 中 $d$ 轴的单位为 m。从图 4 - 21 看：采用本文所提出的控制方法，绳长不会出现突变现象，这说明绳长的运动轨迹呈现良好的光滑性；系绳长度先减小后增大，这是由于相对位置保持控制开始时，子星位于 TSS 非平衡状态上且向 TSS 平衡状态接近。

系绳面内摆角的期望值和轨迹跟踪误差的变化如图 4 - 23（a）和（b）所示。

图 4 - 23（a）表明面内摆角的运动过程呈现良好的光滑性。图 4 - 23（b）表明面内摆角在存在偏差的情况下能够迅速地收敛到真值附近，且具有良好的稳定性。

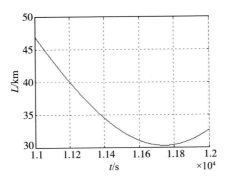

图 4 - 21　系绳长度的变化曲线

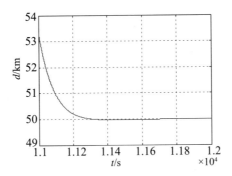

图 4 - 22　相对距离的变化曲线

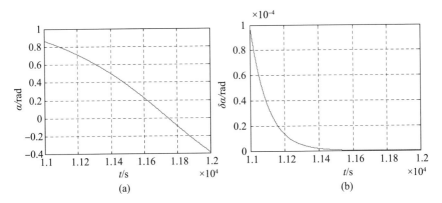

图 4 - 23　系绳参数的变化曲线

（2）当系绳在相对位姿保持段中为松弛状态时

此时，在子星与目标相对位置保持过程中，系绳的张力和面内摆角均为 0。为此，下文只给出子星与目标在目标质心轨道坐标系下的相对位置和相应方向作用力的变化曲线图，其余参数的仿真结果可参考上文的结果。

子星与目标相对位置在目标质心轨道坐标系下沿 $Y$ 和 $Z$ 轴方向的变化如图 4-24（a）和（b）所示。

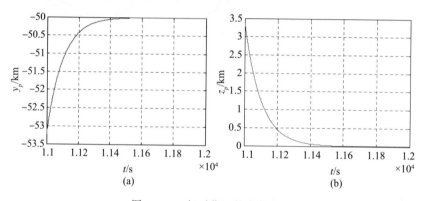

图 4-24　相对位置的变化曲线

从图 4-24（a）和（b）看：4.3.2 节的方法能使子星与目标的交会窗口不小于 0.005 m(1$\sigma$)；子星与目标的相对位置能够迅速地收敛到期望值附近，并具有良好的稳定性。稳态时，子星与目标的相对位置控制精度不大于 0.005 m(1$\sigma$)，满足仿真条件中的要求。

作用在目标质心轨道坐标系 $Y$ 和 $Z$ 轴的控制力变化如图 4-25 和图 4-26 所示。

图 4-25 和图 4-26 中的 $F_y$ 和 $F_z$ 轴分别表示控制力在目标航天器轨道坐标下的大小，单位均为 N。

图 4-25 表明：目标质心轨道坐标系 $Y$ 轴方向的控制力会出现为负的情况，这说明当子星采用喷气进行控制时，会使推进系统的羽流方向出现朝向目标的情况，这对推力器的安装提出了更高的要求。

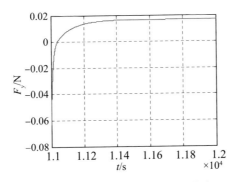

图 4 - 25　Y 轴方向控制的变化曲线

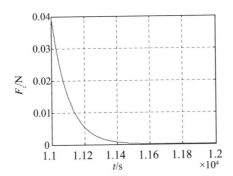

图 4 - 26　Z 轴方向控制力的变化曲线

　　然而，图 4 - 25 和图 4 - 26 表明：当子星与共面目标相对位置保持段的系绳为松弛状态时，面内摆角的控制力的大小不超过 0.1 N，这说明即使采用推进剂消耗的方法进行控制，本节所提出的方法所需的推进剂也是很少的。

### 4.5.2.3　相对姿态保持的仿真结果

　　子星与目标误差四元数的变化如图 4 - 27（a）和（b）所示。

　　图 4 - 27（a）表示基于绳系辅助交会控制策略下相应参数的变化；图 4 - 27（b）表示基于 C - W 交会控制策略下相应参数的变化，本节其他图中的（a）和（b）的含义均与此相同，不再重复说明。其中，图 4 - 27 中的曲线均表示子星与目标误差四元数的矢量部分，

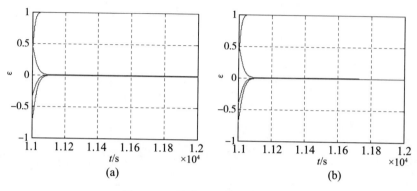

图 4 - 27　误差四元数的变化曲线

从图中可以看出子星不但能够完成对目标的快速姿态跟踪、而且跟踪的稳定性也较好。

子星与目标误差角速度的变化曲线如图 4 - 28（a）和（b）所示。

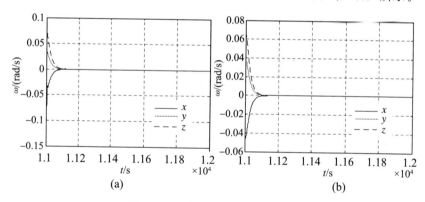

图 4 - 28　误差角速度的变化曲线

图 4 - 28 中的 $\omega$ 轴表示子星与目标的误差角速度在子星体坐标系下的大小。其中图 4 - 28 以及本节下文中的 $x$，$y$ 和 $z$ 均表示相应的参数在子星体坐标系沿 $x$，$y$ 和 $z$ 轴方向矢量的大小。

图 4 - 27 和图 4 - 28 的误差四元数和角速度误差曲线验证了本文所提的姿态跟踪控制算法的有效性，且仿真结果表明：无论是绳系辅助交会法还是组合交会法中子星的四元数和角速度均能迅速地收

敛到真值附近，且具有良好的稳定性。200 s 后跟踪精度为 $\| \varepsilon \| <$ $10^{-4}$ ，$\| \omega \| < 10^{-5}$ 。

作用在子星上沿子星本体坐标系 $x$ ，$y$ 和 $z$ 轴方向的控制力矩变化如图 4 - 29（a）和（b）所示。

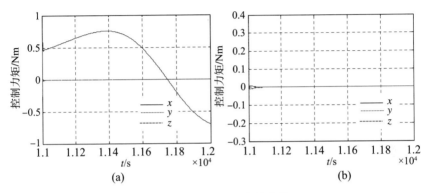

图 4 - 29　控制力矩变化曲线

子星本体坐标系相对惯性系的角速度 $\omega_b$ 的变化曲线如图 4 - 30（a）和（b）所示。

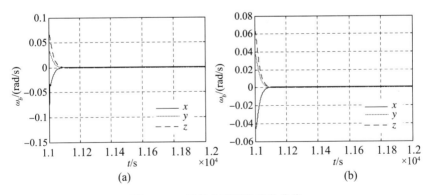

图 4 - 30　子星角速度的变化曲线

图 4 - 29 表明系绳在相对位置保持段为松弛状态要比系绳为拉紧状态下的控制力矩小，且子星角速度的超调量也较小，如图 4 - 30（b）中 $\omega_b$ 的超调量要小于（a）中 $\omega_b$ 的超调量。

#### 4.5.2.4　整个交会过程的仿真结果

所谓的整个交会过程是指子星与共面目标的接近和相对位置保持这 2 个阶段的总称，系绳在相对位置保持段分为拉紧和松弛这 2 种情况。

（1）当系绳在相对位姿保持段中为拉紧状态时

针对这种情况，系绳参数 $l$ 和 $\alpha$ 在子星与目标接近段以及相对位置保持段的变化曲线如图 4-31（a）和（b）所示。

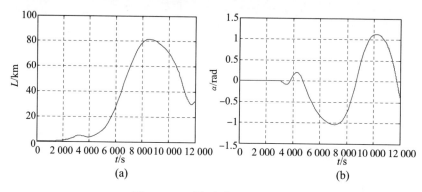

(a)　　　　　　　　　　　　　　　(b)

图 4-31　系绳参数的变化曲线

系绳的张力和面内摆角方向的控制力变化曲线如图 4-32 和图 4-33 所示。

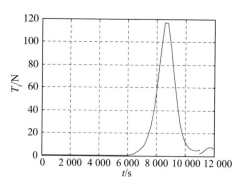

图 4-32　系绳张力的变化曲线

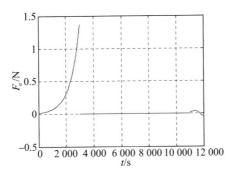

图 4 - 33　面内摆角方向控制力的变化曲线

从图 4 - 32 看：系绳张力一直为正，这说明系绳不会出现松弛现象；系绳的张力会出现突变现象，这是由于系绳加速率在切换过程中的大小不相等造成的，但由图 4 - 31（a）和（b）可知不会造成系绳参数的突变。图 4 - 32 和图 4 - 33 表明无论是系绳的张力还是面内摆角方向的控制力均在可接受的范围内。

子星与目标的相对位置沿 $Y$ 和 $Z$ 轴方向分量的变化曲线如图 4 - 34 所示。

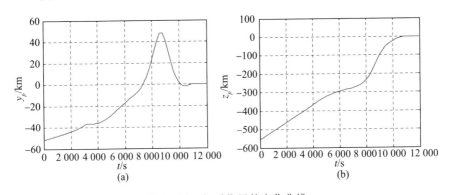

图 4 - 34　相对位置的变化曲线

（2）当系绳在相对位姿保持段中为松弛状态时

针对这种情况，在子星与共面目标的相对位姿保持段中，系绳为松弛状态，即不存在面内摆角方向。为此，在本节的仿真图形中只给出子星与目标相对位置在目标航天器质心轨道坐标系下沿 $Y$ 和 $Z$ 轴方向分量的变化曲线，如图 4 - 35 所示。

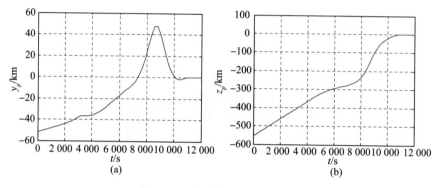

图 4 - 35　相对位置的变化曲线

### 4.5.3　本章与传统交会方法的比较

根据上文的研究和仿真结果，可将本文所提出的交会方法与传统交会方法的区别概括成如表 4 - 3 所示的内容。

表 4 - 3　传统交会法与本文交会方法的比照

| 类别 | 传统交会法 | 本文的交会方法 |
|------|-----------|----------------|
| 经济性 | 费用高：需要通过地面发射，消耗大量的人力，物力和财力 | 费用较低：子星直接在星上进行发射，从而可以减少人力，物力和财力的消耗 |
| 安全性 | 安全性较低：故障时易发生碰撞 | 安全性较高：故障时可通过系绳将子星回收 |
| 重复使用性 | 重复使用率低 | 重复使用率高：子星完成交会任务时，可以通过系绳将子星收回，等待下一次任务 |
| 交会方式 | 交会方式单一 | 交会方式多样：不但可以在较远距离上实现与目标的交会作业，而且还可以对多个目标同时或分批次进行在轨作业 |
| 推进剂消耗 | 对于本文仿真条件中需要的速度冲量＞15.5 m/s | 本文所提出的 2 种交会方法需要的速度冲量均＜10 m/s |

由表 4 - 3 的比照可看出无论是在经济性、安全性和重复使用性，还是在交会方式和推进剂的消耗上，本文所提出的方法都要优

于传统的交会方法。

由 4.5.2.2 节的仿真结果可知：在子星与共面目标相对位置保持过程中，本文所提出的 2 种相对位置保持方法均能完成子星与目标相对位置保持的任务，但在复杂性、推进剂消耗和控制精度等方面存在着明显的不同，可概括成如表 4-4 所示的内容。

表 4-4　延长交会窗口时绳系辅助和组合交会法的比照

| 类别 | 系绳为拉紧状态 | 系绳为松弛状态 |
|---|---|---|
| 复杂性 | 较复杂 | 简单 |
| 推进剂消耗 | 所需的速度冲量>0.25 m/s | 所需的速度冲量<0.2 m/s |
| 控制精度 | $Y$ 和 $Z$ 方向的相对位置控制精度均无法优于 0.01 m($1\sigma$)　相对姿态保持的控制力矩不超过 1 N | $Y$ 和 $Z$ 方向的相对位置控制精度均优于 0.005 m($1\sigma$)　相对姿态保持的控制力矩不超过 0.5 N |
| 推力器的安装 | 要求较高:由于喷气羽流的方向是沿面外摆角方向 | 要求较低:由于喷气羽流的方向会出现朝向目标的情况 |

表 4-4 表明：在系绳为松弛状态下所设计的控制算法更适合精度要求较高的情况，但当喷气羽流对目标所造成的影响不能忽略时，在系绳为拉紧状态下所设计的控制算法更适合用于完成所需的交会任务。

## 4.6　本章小结

本章重点研究了绳系卫星的子星与共面目标交会制导与控制方法，并在考虑模型的不确定性和外界干扰的情况下解决了以下两个问题：针对如何延长子星与共面目标相对位置保持的时间问题，提出了系绳拉紧状态下系绳速率与变结构控制的联合控制法和系绳松弛状态下的变结构控制法这两种方法，分析并指出了控制误差产生的主要原因和减小其对控制误差影响的方法；针对子星与共面目标相对姿态保持的控制问题，提出了借助 Lyapunov 函数来构建这一相对姿态保持的控制方法，所提的相对姿态保持法可用于系绳拉力力臂未知的情况，且具有对参数不确定性的鲁棒和对一般外干扰的抑制相结合的优点。

除对相对位姿保持段的制导与控制方法研究外，本章还研究了接近段的制导与控制方法，并借助 Matlab 仿真软件验证了接近段和相对位姿保持段的制导与控制方法的有效性，且由理论分析和仿真结果可得：无论在经济性、安全性和重复使用性方面，还是在交会方式和推进剂消耗方面，本文绳系卫星的子星与共面目标的交会方法都要优于传统的交会方法。

# 第5章 子星与异面目标交会制导
# 与控制方法

## 5.1 引言

与第4章所不同的是，本章的研究还需考虑目标质心轨道面对交会制导与控制方法的影响，使得本章的交会制导与控制方法更为复杂，且现有文献虽然可以很好地解决子星与异面目标的接近问题，但是正如文献的作者所指出的那样，其方法很难甚至是无法完成子星与异面目标的相对位置保持任务。考虑到本章的相对姿态保持控制与第4章一样，故本章主要对以下2部分内容进行研究。

（1）子星与异面目标接近段的制导与控制方法研究

与第4章一样，为减少接近段的起始偏差，本章也分初始接近和最终逼近这两个阶段，并研究这两个阶段的制导与控制方法。所不同的是：在这两个阶段中，考虑了目标质心轨道面的影响。

（2）子星与异面目标在相对位姿保持段的相对位置保持控制方法研究

在该方法的研究中，将对系绳参数与目标质心轨道面在系绳松弛瞬间时的关系式进行推导，为子星与异面目标交会方式的判断和制导参数的确定提供充足的理论依据，并提出用于解决子星与异面目标相对位置保持时间非常短的方法。此外，本章也对系绳为拉紧状态下系绳速率与变结构控制的联合控制法进行研究，其目的是为了对这2种情况下的控制方法进行比较。

## 5.2　接近段的制导与控制方法

### 5.2.1　初始接近段的制导与控制方法

#### 5.2.1.1　制导算法的构建

出于对加快系绳释放速率的考虑，本节系绳长度的轨迹函数仍选用如下的指数函数

$$l(t) = l_0 e^{k_c t}$$

式中　$l_0$——系绳的初始长度；

$k_c$——系绳释放速率的控制系数；

$t$——运动控制时间。

当出现最恶劣情况时，即初始接近段开始时，系绳的长度与实际长度存在 $\Delta l$ 的偏差，这里仍借助式（4-1）进行修正。

系绳的面内和面外摆角的运动轨迹函数可采用一元五次多项式来实现系绳的摆角，角速率以及角加速率的初值和终值为给定的值，即取

$$f(t) = p_0 + p_1 t + p_2 t^2 + p_3 t^3 + p_4 t^4 + p_5 t^5 \qquad (5-1)$$

记面内和面外摆角的初值分别为 $\alpha_0$ 和 $\beta_0$，其速率的初值分别为 $\dot{\alpha}_0$ 和 $\dot{\beta}_0$，其加速率的初值分别为 $\ddot{\alpha}_0$ 和 $\ddot{\beta}_0$；面内和面外摆角的终值分别为 $\alpha_f$ 和 $\beta_f$，其速率的终值分别为 $\dot{\alpha}_f$ 和 $\dot{\beta}_f$，其加速率的终值分别为 $\ddot{\alpha}_f$ 和 $\ddot{\beta}_f$。

这里着重对面外摆角运动轨迹的求取进行介绍（面内摆角可按相同的方法进行求取），由其初始和终止状态可得

$$\beta_0 = p_0$$

$$\dot{\beta}_0 = p_1$$

$$\ddot{\beta}_0 = 2p_2$$

$$\beta_f = p_0 + p_1 t_f + p_2 t_f^2 + p_3 t_f^3 + p_4 t_f^4 + p_5 t_f^5$$

$$\dot{\beta}_f = p_1 + 2p_2 t_f + 3p_3 t_f^2 + 4p_4 t_f^3 + 5p_5 t_f^4$$

$$\ddot{\beta}_f = 2p_2 + 6p_3 t_f + 12p_4 t_f^2 + 20p_5 t_f^3$$

故参数 $p_i (i=0, 1, 2, 3, 4, 5)$ 的值为

$$
\begin{cases}
p_0 = \beta_0 \\
p_1 = \dot{\beta}_0 \\
p_2 = 0.5\ddot{\beta}_0 \\
p_3 = [-3p_2 t_f^2 + 10(\beta_f - p_0) - 2(3p_1 + 2\dot{\beta}_f)t_f + 0.5\ddot{\beta}_f t_f^2]/t_f^3 \\
p_4 = [(8p_1 + 7\dot{\beta}_f + 3p_2 t_f)t_f - 15(\beta_f - p_0) - \ddot{\beta}_f t_f^2]/t_f^4 \\
p_5 = [-2p_2 t_f^2 + 12(\beta_f - p_0) - 6(p_1 + \dot{\beta}_f)t_f + \ddot{\beta}_f t_f^2]/(2t_f^5)
\end{cases}
$$

$$(5-2)$$

将式（5-2）代入式（5-1）可得系绳面外摆角的轨迹函数，面内摆角的运动轨迹可按相同的方法进行求取，这里不重复说明。

### 5.2.1.2　控制算法的构建及其稳定性分析

本章系绳的控制方法采用速率控制法，系绳面内和面外摆角均采用变结构控制法，所不同的是本节摆角运动的控制方法中要考虑系绳面外摆角运动的影响，其摆角运动控制方法的构建如下。

（1）摆角运动控制方法的构建

记 $\alpha$ 和 $\beta$ 的目标轨迹分别为 $\alpha_d$ 和 $\beta_d$。令 $m_\alpha = M^* l^2 C^2 \beta$，$m_\beta = M^* l^2$，则这 2 个变量均为时变信号。这里的控制问题可以表述为：设计合适的 $Q_\alpha$ 和 $Q_\beta$，使 $\alpha$ 和 $\beta$ 收敛于目标轨迹 $\alpha_d$ 和 $\beta_d$。

由式（2-23）可得系绳面内摆角和面外摆角的运动方程可以写成

$$
\begin{cases}
m_\alpha \ddot{\alpha} = m_\alpha \{-(\dot{\theta} + \dot{\alpha})[(2+\mu_3)\dot{l}/l - 2\dot{\beta}\tan\beta] - \\
\qquad 1.5\mu S(2\alpha)/R^3 - \ddot{\theta}\} + Q_\alpha \\
m_\beta \ddot{\beta} = m_\beta \{-(2+\mu_3)\dot{\beta}\dot{l}/l - 0.5(\dot{\theta} + \dot{\alpha})^2 S(2\beta) - \\
\qquad 1.5\mu C^2\alpha S(2\beta)/R^3\} + Q_\beta
\end{cases}
$$

$$(5-3)$$

设计控制器 $Q_\alpha$ 和 $Q_\beta$ 为

$$
\begin{cases}
Q_\alpha = -m_\alpha\{-(\dot{\theta}+\dot{\alpha})\,[(2+\mu_3)\,\dot{l}/l-2\dot{\beta}\tan\beta]-1.5\mu S(2\alpha)/R^3-\ddot{\theta}\}- \\
\qquad k_\alpha s_\alpha-\rho_\alpha\,\mathrm{sgn}(s_\alpha)-c_\alpha m_\alpha\dot{e}_\alpha+m_\alpha\ddot{\alpha}_d \\
Q_\beta = -m_\beta\{-(2+\mu_3)\,\dot{\beta}\dot{l}/l-0.5(\dot{\theta}+\dot{\alpha})^2S(2\beta)-1.5\mu C^2\alpha S(2\beta)/R^3\}- \\
\qquad k_\beta s_\beta-\rho_\beta\,\mathrm{sgn}(s_\beta)-c_\beta m_\beta\dot{e}_\beta+m_\beta\ddot{\beta}_d
\end{cases}
$$

$$(5-4)$$

式中　　$s_\alpha=\dot{e}_\alpha+c_\alpha e_\alpha$，$e_\alpha=\alpha-\alpha_d$，$s_\beta=\dot{e}_\beta+c_\beta e_\beta$，$e_\beta=\beta-\beta_d$；

$c_\alpha$，$k_\alpha$，$\rho_\alpha$，$c_\beta$，$k_\beta$，$\rho_\beta$ 为正数。

在控制器 $Q_\alpha$ 和 $Q_\beta$ 的作用下，可以使面内摆角 $\alpha$ 和面外摆角 $\beta$ 收敛于目标轨迹 $\alpha_d$ 和 $\beta_d$。

（2）摆角运动稳定性的分析

这里只给出 $Q_\alpha$ 作用下系统的收敛性，$Q_\beta$ 作用下系统的收敛性可以采用相同方法证得，这里不再赘述。考虑 Lyapunov 函数 $V_\alpha=0.5m_\alpha(s_\alpha)^2$。

将 $V_\alpha$ 对时间求导可得

$$
\begin{aligned}
\dot{V}_\alpha &= m_\alpha s_\alpha\dot{s}_\alpha+0.5\dot{m}_\alpha(s_\alpha)^2=s_\alpha(c_\alpha m_\alpha\dot{e}_\alpha+m_\alpha\ddot{\alpha}-m_\alpha\ddot{\alpha}_d)+0.5\dot{m}_\alpha(s_\alpha)^2 \\
&= m_\alpha s_\alpha\{-(\dot{\theta}+\dot{\alpha})\,[(2+\mu_3)\,\dot{l}/l-2\dot{\beta}\tan\beta]-1.5\mu S(2\alpha)/R^3-\ddot{\theta}\}+ \\
&\quad\ s_\alpha(c_\alpha m_\alpha\dot{e}_\alpha-m_\alpha\ddot{\alpha}_d+Q_\alpha)+0.5\dot{m}_\alpha(s_\alpha)^2
\end{aligned}
$$

$$(5-5)$$

将 $Q_\alpha$ 代入（5-5）可得

$$
\begin{aligned}
\dot{V}_\alpha &= s_\alpha[-k_\alpha s_\alpha-\rho_\alpha\,\mathrm{sgn}(s_\alpha)]+0.5\dot{m}_\alpha(s_\alpha)^2 \\
&= -(k_\alpha-0.5\dot{m}_\alpha)(s_\alpha)^2-\rho_\alpha|s_\alpha|
\end{aligned}
\qquad(5-6)
$$

取 $k_\alpha>0.5|\dot{m}_\alpha|$，则有

$$
\dot{V}_\alpha=-(k_\varepsilon-0.5\dot{m}_\alpha)(s_\alpha)^2-\rho_\alpha|s_\alpha|\leqslant-\rho_\alpha|s_\alpha|。
$$

故 $s_\alpha\equiv0$ 可以在有限时间内到达。在 $s_\alpha\equiv0$ 上有 $\dot{e}_\alpha+c_\alpha e_\alpha=0$，解此等式可得 $e_\alpha=e_\alpha(0)\mathrm{e}^{-c_\alpha t}$，即在 $s_\alpha\equiv0$ 上 $\dot{e}_\alpha$ 和 $e_\alpha$ 是指数收敛的。

### 5.2.2　最终逼近段的最优控制方法构建

本节最优控制的方法也采用 Gauss 伪谱法来进行设计。为简化最优控制方法求解的复杂性，这里将所需的动力学方程转换成对真近点角 $\theta$ 的导数，此时可得以 $l$、$\alpha$、$\beta$、$l'$、$\alpha'$ 和 $\beta'$ 为状态量的动力学方程为

$$\begin{cases} \Lambda'' = -\mu_1 \Lambda'^2/\Lambda + \mu_2 \Lambda \left[ (\beta')^2 + (1+\alpha')^2 C^2\beta + 3C^2\alpha C^2\beta - 1 \right] - u_l \\ \alpha'' = -(1+\alpha') \left[ (2+\mu_3) \Lambda'/\Lambda - 2\beta'\tan\beta \right] - 1.5\sin 2\alpha \\ \beta'' = -(2+\mu_3) \Lambda'\beta'/\Lambda - 0.5 S(2\beta) \left[ (1+\alpha')^2 - 3C^2\alpha \right] \end{cases}$$

$$(5-7)$$

方程（5-7）中的 $u_l = T_l M / [m_1 \Lambda \omega^2 l_c (m_2+m_l)]$；$\Lambda = l/l_c$，$l_c$ 为系绳的参考长度；$\beta'$ 和 $\beta''$ 分别表示 $\beta$ 对 $\theta$ 的一阶导数和二阶导数，其他变量与式（4-26）相同。

## 5.3　相对位置保持的控制方法

由 3.3.1 节可知，无论是针对子星与共面目标还是异面目标的交会方式均采用共面交会，因而需要给出子星在交会关键点上所在的轨道面与目标质心轨道面重合的理论依据，考虑到子星在交会关键点上的轨道参数与系绳参数有关，为此可根据系绳的参数和目标质心轨道面的关系来判定本章的交会方式是否为共面交会，而如何建立系绳与目标质心轨道面的关系是个需要解决的问题。

### 5.3.1　系绳参数与目标质心轨道面关系的建立

3.3.2 节给出了子星轨道倾角和升交点赤经的表达式，并研究了系绳参数对子星轨道倾角和升交点赤经的影响，结果表明：TSS 质心的纬度幅角对子星释放后的升交点赤经变化的最大值影响较大，子星轨道倾角变化值的大小主要与系绳面外摆角的角速率和 TSS 质心的纬度幅角有关，而系绳面内摆角对轨道倾角和升交点赤经的极

值影响很小，故子星释放时可选系绳面内摆角为 0，则式（3-3）中的 $h_{gx}$，$h_{gy}$ 和 $h_{gz}$ 为

$$
\begin{cases}
h_{gx} = (R + l_2 C\beta) \, [\dot{u}^2 (R + l_2 C\beta) + \dot{\alpha} l_2 C\beta] \\
h_{gy} = -l_2 \dot{\beta} Su (l_2 + RC\beta) + l_2 S\beta Cu \, [(\dot{u} + \dot{\alpha}) l_2 C\beta + \dot{u} R] \\
h_{gz} = l_2 \dot{\beta} Cu (l_2 + RC\beta) + l_2 S\beta Su \, [(\dot{u} + \dot{\alpha}) l_2 C\beta + \dot{u} R]
\end{cases}
\tag{5-8}
$$

由式（3-1）和式（3-2）可得

$$
\begin{cases}
\tan i_2 = h_{xy} / (h_{gx} Ci + h_{gz} Si) \\
C\Omega_2 = -\left[-(h_{gx} Si - h_{gz} Ci) C\Omega + h_{gy} S\Omega\right] / h_{xy}
\end{cases}
\tag{5-9}
$$

式中

$$
h_{xy} = \sqrt{[(h_{gx} Si - h_{gz} Ci) S\Omega + h_{gy} C\Omega]^2 + [-(h_{gx} Si - h_{gz} Ci) C\Omega + h_{gy} S\Omega]^2}
$$

式（5-9）分以下 4 种情况：$Ci_2 = 0, C\Omega_2 = 0$；$Ci_2 = 0, C\Omega_2 \neq 0$；$Ci_2 \neq 0, C\Omega_2 = 0$ 和 $Ci_2 \neq 0, C\Omega_2 \neq 0$。

1）当 $Ci_2 = 0, C\Omega_2 = 0$ 时，可得

$$
\begin{cases}
-(h_{gx} Si - h_{gz} Ci) C\Omega + h_{gy} S\Omega = 0 \\
h_{gx} Ci + h_{gz} Si = 0
\end{cases}
\tag{5-10}
$$

由式（5-10）可知此时包含以下 4 种情况：$Si = 0, S\Omega = 0$；$Si = 0, S\Omega \neq 0$；$Si \neq 0, S\Omega = 0$；$Si \neq 0, S\Omega \neq 0$。

a）若 $Si = 0, S\Omega = 0$，则子星释放瞬间系绳参数和 TSS 纬度幅角满足式（5-11）式（5-12）中的任意一种情况即可

$$
R = -l_2 C\beta
\begin{cases}
S\beta = 0 \\
S\beta \neq 0, \dot{\beta} CuS\beta = -\dot{\alpha} SuC\beta
\end{cases}
\tag{5-11}
$$

$$
\dot{\theta} R = -(\dot{\theta} + \dot{\alpha}) l_2 C\beta
\begin{cases}
\dot{\beta} = 0 \\
Cu = 0 \\
l_2 = -RC\beta
\end{cases}
\tag{5-12}
$$

式（5-11）中的"$\langle$"表示同时满足符号里面的任意一个条

a) 若 $C(\Omega_2 - \Omega) = 0$，$Si = 0$，则子星释放瞬间系绳参数和 TSS 真近点角满足式（5 - 20）和式（5 - 21）中的任意一种情况即可

$$R = -l_2 C\beta \left\{ \begin{array}{l} S\beta = 0 \\ S\beta \neq 0, \dot{\beta}CuS\beta = -\dot{\alpha}SuC\beta \end{array} \right. \tag{5-20}$$

$$\dot{\theta}R = -(\dot{\theta} + \dot{\alpha})l_2 C\beta \left\{ \begin{array}{l} \dot{\beta} = 0 \\ Cu = 0 \\ l_2 = -RC\beta \end{array} \right. \tag{5-21}$$

b) 若 $C(\Omega_2 - \Omega) \neq 0$，$Si = 0$，则子星释放瞬间系绳参数和 TSS 真近点角满足式（5 - 22）和式（5 - 23）中的任意一种情况即可

$$R = -l_2 C\beta \left\{ \begin{array}{l} S\beta = 0 \\ S\beta = 0 \left\{ \begin{array}{l} p_{bb}Cu = Su \left\{ \begin{array}{l} \dot{\alpha} = 0 \\ C\beta = 0 \end{array} \right. \\ p_{bb}Cu \neq Su, \dot{\beta} = -\dot{\alpha}C\beta(p_{bb}Su + Cu) / [S\beta(p_{bb}Cu - Su)] \end{array} \right. \end{array} \right.$$

$$\tag{5-22}$$

$$\dot{\theta}R = -(\dot{\theta} + \dot{\alpha})l_2 C\beta \left\{ \begin{array}{l} \dot{\beta} = 0 \\ Su = p_{bb}Cu \\ l_2 = -RC\beta \end{array} \right. \tag{5-23}$$

其中，式（5 - 22）和式（5 - 23）中的 $p_{bb} = CiS(\Omega_2 - \Omega)/C(\Omega_2 - \Omega)$。

c) 若 $Si \neq 0$，$C(\Omega_2 - \Omega) = 0$，则子星释放瞬间系绳参数和 TSS 真近点角满足式（5 - 24）和式（5 - 25）中的任意一种情况即可

$$R = -l_2 C\beta \left\{ \begin{array}{l} S\beta = 0 \\ S\beta \neq 0, \dot{\beta}CuS\beta = -\dot{\alpha}SuC\beta \end{array} \right. \tag{5-24}$$

$$\dot{\theta}R = -(\dot{\theta}+\dot{\alpha})\,l_2C\beta \begin{cases} \dot{\beta}=0 \\ Cu=0 \\ l_2=-RC\beta \end{cases} \tag{5-25}$$

d) 若 $C(\Omega_2-\Omega)\neq 0$，$Si\neq 0$，则子星释放瞬间系绳参数和 TSS 真近点角满足式（5 - 26）和式（5 - 27）中的任意一种情况即可

$$l_2=-RC\beta \begin{cases} \dot{\alpha}l_2C\beta=-\dot{\theta}RS^2\beta \\ S\beta=0 \\ \dot{\alpha}l_2C\beta\neq-\dot{\theta}RS^2\beta,S\beta\neq 0,p_{bd}S\beta=-l_2Su,q_{bd}C\beta=l_2Cu \end{cases}$$

$$\tag{5-26}$$

$$l_2\neq-RC\beta \begin{cases} Su=0,\dot{\beta}=\dot{\beta}_{bd1} \begin{cases} \dot{\theta}R=-(\dot{\theta}+\dot{\alpha})\,l_2C\beta \\ \dot{\theta}R\neq-(\dot{\theta}+\dot{\alpha})\,l_2C\beta,l_2S\beta Cu=q_{bd}\,(R+l_2C\beta) \end{cases} \\ Cu=0,\dot{\beta}=\dot{\beta}_{bd2} \begin{cases} \dot{\theta}R=-(\dot{\theta}+\dot{\alpha})\,l_2C\beta \\ \dot{\theta}R\neq-(\dot{\theta}+\dot{\alpha})\,l_2C\beta,l_2S\beta Su=-p_{bd}\,(R+l_2C\beta) \end{cases} \\ SuCu\neq 0,\dot{\beta}=\dot{\beta}_{bd2}, \begin{cases} S\beta+p_{bd}C\beta Su=q_{bd}C\beta Cu,p_{bd}Su=q_{bd}Cu \\ S\beta+p_{bd}C\beta Su\neq q_{bd}C\beta Cu,l_2=l_{2bd} \end{cases} \end{cases}$$

$$\tag{5-27}$$

其中，式（5 - 26）和式（5 - 27）中的 $p_{bd}=\dfrac{Ci}{Si}$，$q_{bd}=\dfrac{S(\Omega_2-\Omega)}{(C(\Omega_2-\Omega)Si)}$。$\dot{\beta}_{bd1}$，$\dot{\beta}_{bd2}$，$l_{2bd}$ 的表达式分别为

$$\begin{cases} \dot{\beta}_{bd1}=-[l_2S\beta Su+p_{bd}\,(R+l_2C\beta)]\,[(\dot{\theta}+\dot{\alpha})\,l_2C\beta+\dot{\theta}R]\,/\,[l_2Cu\,(RC\beta+l_2)] \\ \dot{\beta}_{bd2}=[l_2S\beta Cu-q_{bd}\,(R+l_2C\beta)]\,[(\dot{\theta}+\dot{\alpha})\,l_2C\beta+\dot{\theta}R]\,/\,[l_2Su\,(RC\beta+l_2)] \\ l_{2bd}=(q_{bd}RCu-p_{bd}RSu)\,/\,(S\beta+p_{bd}C\beta Su-q_{bd}C\beta Cu) \end{cases}$$

3）当 $Ci_2\neq 0$，$C\Omega_2=0$ 时，可得

$$\begin{cases} mh_{gx}=nh_{gz} \\ h_{gy}=\tan i_2 S\Omega_2 S\Omega\,(h_{gx}Ci+h_{gz}Si) \end{cases} \tag{5-28}$$

式（5 - 28）中的 $m$ 和 $n$ 分别为

$$\begin{cases} m = Si - \tan i_2 S\Omega_2 C\Omega Ci \\ n = Ci + \tan i_2 S\Omega_2 C\Omega Si \end{cases}$$

由式（5 - 28）可知此时包括以下 2 种情况：$n = 0$ 和 $n \neq 0$。在这 2 种情况下，系绳参数与轨道面的关系将在下文进行详细的研究。

a）若 $n = 0$，则子星释放瞬间系绳参数和 TSS 真近点角满足式（5 - 29）和式（5 - 30）中的任意一种情况即可

$$\dot{\theta} R = -(\dot{\theta} + \dot{\alpha}) l_2 C\beta \begin{cases} \dot{\beta} = 0 \\ Su = p_{ca} Cu \\ l_2 = -RC\beta \end{cases} \quad (5 - 29)$$

$$R = -l_2 C\beta \begin{cases} S\beta = 0 \\ S\beta \neq 0 \end{cases} p_{ca} Cu = Su \begin{cases} \dot{\alpha} = 0 \\ C\beta = 0 \\ p_{ca} Cu \neq Su, \dot{\beta} = -\dot{\alpha} C\beta(p_{ca} Su + Cu) / [S\beta(p_{ca} Cu - Su)] \end{cases}$$

$$(5 - 30)$$

其中，式（5 - 29）和式（5 - 30）中的 $p_{ca} = -\tan i_2 S\Omega_2 S\Omega Si$ 。

b）若 $n \neq 0$，则子星释放瞬间系绳参数和 TSS 真近点角满足式（5 - 31）和式（5 - 32）中的任意一种情况即可

$$l_2 = -RC\beta \begin{cases} \dot{\alpha} l_2 C\beta = -\dot{\theta} R S^2 \beta \\ S\beta = 0 \\ \dot{\alpha} l_2 C\beta \neq -\dot{\theta} R S^2 \beta, S\beta \neq 0, p_{cb} S\beta = -l_2 Su, q_{cb} C\beta = l_2 Cu \end{cases}$$

$$(5 - 31)$$

$$l_2 \neq -RC\beta \begin{cases} Su = 0, \dot{\beta} = \dot{\beta}_{cb1} \begin{cases} \dot{\theta} R = -(\dot{\theta} + \dot{\alpha}) l_2 C\beta \\ \dot{\theta} R \neq -(\dot{\theta} + \dot{\alpha}) l_2 C\beta, l_2 S\beta Cu = q_{cb}(R + l_2 C\beta) \end{cases} \\ Cu = 0, \dot{\beta} = \dot{\beta}_{cb2} \begin{cases} \dot{\theta} R = -(\dot{\theta} + \dot{\alpha}) l_2 C\beta \\ \dot{\theta} R \neq -(\dot{\theta} + \dot{\alpha}) l_2 C\beta, l_2 S\beta Su = -p_{cb}(R + l_2 C\beta) \end{cases} \\ SuCu \neq 0, \dot{\beta} = \dot{\beta}_{cb2} \begin{cases} S\beta + p_{cb} C\beta Su = q_{cb} C\beta Su, p_{cb} Su = q_{cb} Cu \\ S\beta + p_{cb} C\beta Su \neq q_{cb} C\beta Cu, l_2 = l_{2cb} \end{cases} \end{cases}$$

$$(5 - 32)$$

其中，式（5-31）和式（5-32）中的 $p_{cb}$，$q_{cb}$。$\dot{\beta}_{cb1}$，$s$，$l_{2cb}$ 分别为

$$
\begin{cases}
p_{cb} = -(Si - \tan i_2 S\Omega_2 C\Omega Ci) / (Ci + \tan i_2 S\Omega_2 S\Omega Si) \\
q_{cb} = \tan i_2 S\Omega_2 S\Omega / (Ci + \tan i_2 S\Omega_2 S\Omega Si) \\
\dot{\beta}_{cb1} = [l_2 S\beta Su + p_{cb}(R + l_2 C\beta)] [(\dot{\theta} + \dot{\alpha}) l_2 C\beta + \dot{\theta} R] / [l_2 Cu(RC\beta + l_2)] \\
\dot{\beta}_{cb2} = [l_2 S\beta Cu - q_{cb}(R + l_2 C\beta)] [(\dot{\theta} + \dot{\alpha}) l_2 C\beta + \dot{\theta} R] / [l_2 Su(RC\beta + l_2)] \\
l_{2cb} = (q_{cb} RCu - p_{cb} RSu) / (S\beta + p_{cb} C\beta Su - q_{cb} C\beta Cu)
\end{cases}
$$

4）当 $Ci_2 \neq 0$，$C\Omega_2 \neq 0$ 时，可得

$$
\begin{cases}
mh_{gx} = nh_{gz} \\
h_{gy} = \tan i_2 S(\Omega_2 - \Omega)(h_{gx} Ci + h_{gz} Si)
\end{cases}
\tag{5-33}
$$

其中，式（5-33）中的 $m$ 和 $n$ 分别为

$$
\begin{cases}
m = Si - \tan i_2 C(\Omega_2 - \Omega) Ci \\
n = Ci + \tan i_2 S(\Omega_2 - \Omega) Si
\end{cases}
$$

与情况 3）一样，这里也包括以下 2 种情况：$n = 0$ 和 $n \neq 0$。下面将针对这 2 种情况进行研究。

a）若 $n = 0$，则子星释放瞬间系绳参数和 TSS 真近点角满足式（5-34）和式（5-35）中的任意一种情况即可

$$
\dot{\theta} R = -(\dot{\theta} + \dot{\alpha}) l_2 C\beta
\begin{cases}
\dot{\beta} = 0 \\
Su = p_{da} Cu \\
l_2 = -RC\beta
\end{cases}
\tag{5-34}
$$

$$
R = -l_2 C\beta
\begin{cases}
S\beta = 0 \\
S\beta \neq 0
\end{cases}
p_{da} Cu = Su
\begin{cases}
\dot{\alpha} = 0 \\
C\beta = 0 \\
p_{da} Cu \neq Su, \dot{\beta} = -\dot{\alpha} C\beta(p_{da} Su + Cu) / [S\beta(p_{da} Cu - Su)]
\end{cases}
\tag{5-35}
$$

其中，式（5-34）和式（5-35）中的 $p_{da} = -\tan i_2 S(\Omega_2 - \Omega) Si$。

b）若 $n \neq 0$，则子星释放瞬间系绳参数和 TSS 真近点角满足式（5-36）和式（5-37）中的任意一种情况即可

$$l_2 = -RC\beta \begin{cases} \dot{\alpha} l_2 C\beta = -\dot{\theta} R S^2\beta \\ S\beta = 0 \\ \dot{\alpha} l_2 C\beta \neq -\dot{\theta} R S^2\beta , S\beta \neq 0, p_{cb} S\beta = -l_2 Su, q_{cb} C\beta = l_2 Cu \end{cases}$$

$$(5-36)$$

$$l_2 \neq -RC\beta \begin{cases} Su=0, \dot{\beta}=\dot{\beta}_{db1} \begin{cases} \dot{\theta}R = -(\dot{\theta}+\dot{\alpha}) l_2 C\beta \\ \dot{\theta}R \neq -(\dot{\theta}+\dot{\alpha}) l_2 C\beta, l_2 S\beta Cu = q_{db}(R+l_2 C\beta) \end{cases} \\ Cu=0, \dot{\beta}=\dot{\beta}_{db2} \begin{cases} \dot{\theta}R = -(\dot{\theta}+\dot{\alpha}) l_2 C\beta \\ \dot{\theta}R \neq -(\dot{\theta}+\dot{\alpha}) l_2 C\beta, l_2 S\beta Su = -p_{db}(R+l_2 C\beta) \end{cases} \\ SuCu \neq 0, \dot{\beta}=\dot{\beta}_{db2}, \begin{cases} S\beta + p_{db}C\beta Su = q_{db}C\beta Cu, p_{db}Su = q_{db}Cu \\ S\beta + p_{db}C\beta Su \neq q_{db}C\beta Cu, l_2 = l_{2db} \end{cases} \end{cases}$$

$$(5-37)$$

其中，式（5-36）和式（5-37）中的 $p_{db}$，$q_{db}$。$\dot{\beta}_{db1}$，$\dot{\beta}_{db2}$，$l_{2db}$ 表达式可以写成如下的形式

$$\begin{cases} p_{db} = -[Si - \tan i_2 C(\Omega_2 - \Omega) Ci] / [Ci + \tan i_2 S(\Omega_2 - \Omega) Si] \\ q_{db} = \tan i_2 S(\Omega_2 - \Omega) / [Ci + \tan i_2 S(\Omega_2 - \Omega) Si] \\ \dot{\beta}_{db1} = -[l_2 S\beta Su + p_{db}(R+l_2 C\beta)] [(\dot{\theta}+\dot{\alpha}) l_2 C\beta + \dot{\theta}R] / [l_2 Cu(RC\beta+l_2)] \\ \dot{\beta}_{db2} = [l_2 S\beta Cu - q_{db}(R+l_2 C\beta)] [(\dot{\theta}+\dot{\alpha}) l_2 C\beta + \dot{\theta}R] / [l_2 Su(RC\beta+l_2)] \\ l_{2db} = (q_{db}RCu - p_{db}RSu) / (S\beta + p_{db}C\beta Su - q_{db}C\beta Cu) \end{cases}$$

　　正如前文所述：TSS 的系绳通过在轨转动储存了大量的动能，能给用于交会中的子星提供足够的速度冲量，且已有不少作者研究过 TSS 用于实现子星轨道转移的技术。他们的研究均表明：借助系绳的动量交换技术可节省大量的推进剂；任务完成后可通过系绳将子星回收体内，等待下一次任务的到来。然而，令人可惜的是：在他们的研究中，重点是说明了 TSS 能实现子星轨道面的转移，并给出了大量很有价值的结论，而如何实现子星向指定轨道面的转移仍是个需要解决的问题，但是在实际工程应用中，常常是需要子星能

够完成向指定轨道面的转移任务。

　　针对这一问题，本节提出了子星向指定轨道面的转移时系绳参数与 TSS 和目标质心轨道面需满足的关系，即如式（5 - 11）至式（5 - 37）所示。这一关系的建立可以为今后开展借助系绳动量交换技术实现子星向指定轨道面的转移试验提供很好的参考，也是本文仿真中系绳参数取值的主要依据之一。

　　为使子星与异面目标交会制导与控制方法的研究更具一般性，本文以 $Ci_2 \neq 0$，$C\Omega_2 \neq 0$，且 $l_2 \ll R$ 的情况为例进行研究，其他各种情况可按本文的方法进行类似研究。由式（5 - 34）至式（5 - 37）可得子星释放瞬间系绳参数，TSS 真近点角以及 TSS 和目标轨道面的关系如表 5 - 1 所示。

表 5 - 1　系绳参数，TSS 真近点角以及 TSS 和子星轨道面的关系

| $i_2, \Omega_2$ | 约束条件 | | | | |
|---|---|---|---|---|---|
| | $n$ | TSS 纬度幅角和系绳参数 | | | |
| $Ci_2 \neq 0$<br>$C\Omega_2 \neq 0$ | $n = 0$ | $\dot{\theta}R = -(\dot{\theta}+\dot{\alpha})l_2 C\beta$ | $\dot{\beta} = 0$ | | |
| | | | $Su = p_{da}Cu$ | | |
| | | | $l_2 = -RC\beta$ | | |
| | | $R = -l_2 C\beta$ | $S\beta = 0$ | | |
| | | | $S\beta \neq 0$ | $p_{da}Cu = Su$ | $\dot{\alpha} = 0$ |
| | | | | | $C\beta = 0$ |
| | | | | $\dot{\beta} = -\dfrac{\dot{\alpha}C\beta(p_{da}Su+Cu)}{S\beta(p_{da}Cu-Su)}$<br>$p_{da}Cu \neq Su$ | |

**续表**

| $i_2,\Omega_2$ | $n$ | TSS 纬度幅角和系绳参数 | | |
|---|---|---|---|---|
| | | **约束条件** | | |
| $Ci_2 \neq 0$ $C\Omega_2 \neq 0$ | $n \neq 0$ | $l_2 = -RC\beta$ | | $\dot{\alpha} l_2 C\beta = -\dot{\theta} RS^2\beta$ |
| | | | | $S\beta = 0$ |
| | | | | $\dot{\alpha} l_2 C\beta \neq -\dot{\theta} RS^2\beta, S\beta \neq 0$ $p_{db}S\beta = -l_2 Su, q_{db}C\beta = l_2 Cu$ |
| | | $l_2 \neq -RC\beta$ | $Su = 0$ $\dot{\beta} = \dot{\beta}_{db1}$ | $\dot{\theta} R = -(\dot{\theta} + \dot{\alpha}) l_2 C\beta$ |
| | | | | $\dot{\theta} R \neq -(\dot{\theta} + \dot{\alpha}) l_2 C\beta$ $l_2 S\beta Cu = q_{db}(R + l_2 C\beta)$ |
| | | | $Cu = 0$ $\dot{\beta} = \dot{\beta}_{db2}$ | $\dot{\theta} R = -(\dot{\theta} + \dot{\alpha}) l_2 C\beta$ |
| | | | | $\dot{\theta} R \neq -(\dot{\theta} + \dot{\alpha}) l_2 C\beta$ $l_2 S\beta Su = -p_{db}(R + l_2 C\beta)$ |
| | | | $SuCu \neq 0$ $\dot{\beta} = \dot{\beta}_{db2}$ | $S\beta + p_{db}C\beta Su = q_{db}C\beta Cu$ $p_{db}Su = q_{db}Cu$ |
| | | | | $S\beta + p_{db}C\beta Su \neq q_{db}C\beta Cu$ $l_2 = l_{2db}$ |

## 5.3.2　系绳为拉紧状态下构建的变结构控制法

### 5.3.2.1　控制参数期望轨迹的构建

本节将以 TSS 质心与目标质心轨道的升交点赤经相同的情况为例进行研究，其他情况可进行类似的研究。此时，子星与目标的几何关系如图 5-1 所示。

且根据矢量运算可得

$$\begin{bmatrix} -l_2 S\beta \\ l_2 C\alpha C\beta \\ l_2 S\alpha C\beta \end{bmatrix} = C_x(u) C_y(i_s - i_p) C_x(-u_p) \begin{bmatrix} x \\ R_p + y \\ z \end{bmatrix} - \begin{bmatrix} 0 \\ R \\ 0 \end{bmatrix}$$

$$(5-38)$$

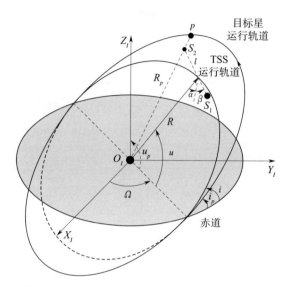

图 5-1　子星与目标相对位置保持时的几何关系

与子星与近距离共面目标的交会一样，当交会位置选为目标星轨道坐标系的正下方时，即相对位置为 $[0 \quad y \quad 0]'$，则式（5-38）可进一步改写成

$$\begin{bmatrix} -l_2 S\beta \\ l_2 C\alpha C\beta \\ l_2 S\alpha C\beta \end{bmatrix} = (R_p + y) \begin{bmatrix} -S(i_s - i_p)Su_p \\ CuCu_p + C(i_s - i_p)Su_pSu \\ -SuCu_p + C(i_s - i_p)Su_pCu \end{bmatrix} - \begin{bmatrix} 0 \\ R \\ 0 \end{bmatrix}$$

$$(5-39)$$

由式（5-39）可得

$$\begin{cases} l_2 = \sqrt{(R_p + y)^2 + R^2 - 2R(R_p + y)[CuCu_p + C(i_s - i_p)Su_pSu]} \\ \alpha = a\tan2(z_a, y_a) \\ \beta = aS\left(\dfrac{(R_p + y)S(i_s - i_p)Su_p}{l_2}\right) \end{cases}$$

$$(5-40)$$

其中

$$\begin{cases} y_a = (R_p + y) \left[ CuCu_p + C(i_s - i_p) Su_p Su \right] - R \\ z_a = (R_p + y) \left[ -SuCu_p + C(i_s - i_p) Su_p Cu \right] \end{cases}$$

由式（5－40）可得 $l_2$，$\alpha$ 和 $\beta$ 的速率分别为

$$\begin{cases} \dot{l}_2 = l_{2c} / l_2 \\ \dot{\alpha} = (\dot{z}_a y_a - \dot{y}_a z_a) / (y_a^2 + z_a^2) \\ \dot{\beta} = \beta_c / \beta_m \end{cases} \qquad (5-41)$$

且

$$\begin{cases} l_{2c} = R(R_p + y) \left\{ SuCu_p \left[ \dot{\theta} - \dot{\theta}_p C(i_s - i_p) \right] + CuSu_p \left[ \dot{\theta}_p - \dot{\theta} C(i_s - i_p) \right] \right\} \\ \dot{y}_a = -(R_p + y) \left\{ SuCu_p \left[ \dot{\theta} - \dot{\theta}_p C(i_s - i_p) \right] + CuSu_p \left[ \dot{\theta}_p - \dot{\theta} C(i_s - i_p) \right] \right\} \\ \dot{z}_a = (R_p + y) \left\{ CuCu_p \left[ \dot{\theta}_p C(i_s - i_p) - \dot{\theta} \right] + SuSu_p \left[ \dot{\theta}_p - \dot{\theta} C(i_s - i_p) \right] \right\} \\ \beta_c = (R_p + y) S(i_s - i_p) (\dot{\theta}_p l_2 Cu_p - \dot{l}_2 Su_p) \\ \beta_m = l_2 \sqrt{l_2^2 - \left[ (R_p + y) S(i_s - i_p) Su_p \right]^2} \end{cases}$$

则继续将式（5－41）对时间求导数，可得 $l_2$，$\alpha$ 和 $\beta$ 的加速率分别为

$$\begin{cases} \ddot{l}_2 = (\dot{l}_{2c} l_2 - l_{2c} \dot{l}_2) / l_2^2 \\ \ddot{\alpha} = \left[ (\ddot{z}_a y_a - \ddot{y}_a z_a)(y_a^2 + z_a^2) - 2(\dot{z}_a y_a - \dot{y}_a z_a)(\dot{y}_a y_a + \dot{z}_a z_a) \right] / (y_a^2 + z_a^2)^2 \\ \ddot{\beta} = (\dot{\beta}_c \beta_m - \beta_c \dot{\beta}_m) / \beta_m^2 \end{cases}$$

$$(5-42)$$

方程（5－42）中的 $\dot{\beta}_c$、$\dot{\beta}_m$、$\dot{l}_{2c}$、$\ddot{y}_a$ 和 $\ddot{z}_a$ 分别为

$$
\begin{cases}
\dot{\beta}_c = (R_p + y) S(i_s - i_p)(-\dot{\theta}_p^2 l_2 Su_p - \ddot{l}_2 Su_p) \\
\dot{\beta}_m = \{l_2 \dot{l}_2 - [(R_p + y) S(i_s - i_p)]^2 \dot{\theta}_p Su_p Cu_p\} l_2 / \\
\qquad \sqrt{l_2^2 - [(R_p + y) S(i_s - i_p) Su_p]^2} + \\
\qquad \dot{l}_2 \sqrt{l_2^2 - [(R_p + y) S(i_s - i_p) Su_p]^2} \\
\dot{l}_{2c} = R(R_p + y)\{[\dot{\theta} - \dot{\theta}_p C(i_s - i_p)](\dot{\theta} Cu Cu_p - \dot{\theta}_p Su Su_p) + \\
\qquad [\dot{\theta}_p - \dot{\theta} C(i_s - i_p)](\dot{\theta}_p Cu Cu_p - \dot{\theta} Su Su_p)\} \\
\ddot{y}_a = -(R_p + y)\{[\dot{\theta} - \dot{\theta}_p C(i_s - i_p)](\dot{\theta} Cu Cu_p - \dot{\theta}_p Su Su_p) + \\
\qquad [\dot{\theta}_p - \dot{\theta} C(i_s - i_p)](\dot{\theta}_p Cu Cu_p - \dot{\theta} Su Su_p)\} \\
\ddot{z}_a = (R_p + y)\{[\dot{\theta}_p C(i_s - i_p) - \dot{\theta}](-\dot{\theta} Su Cu_p - \dot{\theta}_p Cu Su_p) + \\
\qquad [\dot{\theta}_p - \dot{\theta} C(i_s - i_p)](\dot{\theta} Cu Su_p + \dot{\theta}_p Su Cu_p)\}
\end{cases}
$$

系绳长度和速率可由式（4-36）求出，故当 TSS 质心与目标异面时，由式（4-36）、式（4-37）、式（5-40）和式（5-41）可得子星与目标在相对位置保持时控制参数的期望轨迹，下面着重对期望轨迹的跟踪控制进行研究。

### 5.3.2.2　控制方法的构建及其稳定性分析

在子星与异面目标相对位置保持过程中，当系绳为拉紧状态时，控制参数的期望轨迹可由上一节的推导给出。此时，系绳方向采用系绳速率控制法，摆角方向按 5.2.1.2 节的变结构控制法进行控制，即设计控制器 $Q_a$ 和 $Q_\beta$ 为

$$
\begin{cases}
Q_a = -m_a\{-(\dot{\theta} + \dot{\alpha})[(2 + \mu_3)\dot{l}/l - 2\dot{\beta}\tan\beta] - 1.5\mu S(2\alpha)/R^3 - \ddot{\theta}\} - \\
\qquad k_a s_a - \rho_a \operatorname{sgn}(s_a) - c_a m_a \dot{e}_a + m_a \ddot{\alpha}_d \\
Q_\beta = -m_\beta\left\{-(2 + \mu_3)\dot{\beta}\dfrac{\dot{l}}{l} - 0.5(\dot{\theta} + \dot{\alpha})^2 S(2\beta) - 1.5\mu C^2 \alpha S(2\beta)/R^3\right\} - \\
\qquad k_\beta s_\beta - \rho_\beta \operatorname{sgn}(s_\beta) - c_\beta m_\beta \dot{e}_\beta + m_\beta \ddot{\beta}_d
\end{cases}
$$

$$
(5-43)
$$

此时，面内摆角运动的稳定性可按 5.2.1.2 节的分析方法进行相同的验证，这里不再重复证明。

## 5.3.3　系绳为松弛状态下构建的变结构控制法

针对系绳为松弛状态的情况，可按 4.3.2.1 节的方法分析并能得出系绳对主星轨道影响也很小，故主星轨道对系绳长度的影响可忽略不计。为此，本节将着重对子星与异面目标相对位置保持段的控制方法进行研究。考虑到 TSS 和目标质心的运行轨道均为圆轨道，且子星释放时子星与目标航天器的距离相对地心与目标航天器的距离来说是个小量，故本章对共面目标的相对运动学模型可简化成如下的形式

$$\begin{cases} \ddot{x} + \omega_p^2 x = a_x \\ \ddot{y} - 2\omega_p \dot{z} - 3\omega_p^2 y = a_y \\ \ddot{z} + 2\omega_p \dot{y} = a_z \end{cases} \tag{5-44}$$

方程（5-44）中的 $x$，$y$ 和 $z$ 分别指 TSS 与目标航天器的相对位置在目标航天器轨道坐标系下 $X$，$Y$ 和 $Z$ 轴方向的分量，$a_x$，$a_y$ 和 $a_z$ 为相应方向的控制量。

设计 $a_x$，$a_y$ 和 $a_z$ 的大小为

$$\begin{cases} a_x = \omega_p^2 x - k_x s_x - \rho_x \operatorname{sgn}(s_x) - c_x \dot{e}_x + \ddot{x}_d \\ a_y = -2\omega_p \dot{z} - 3\omega_p^2 y - k_y s_y - \rho_y \operatorname{sgn}(s_y) - c_y \dot{e}_y + \ddot{y}_d \\ a_z = 2\omega_p \dot{y} - k_z s_z - \rho_z \operatorname{sgn}(s_z) - c_z \dot{e}_z + \ddot{z}_d \end{cases}$$

$$\tag{5-45}$$

式中　$c_x$，$k_x$，$\rho_x$，$c_y$，$k_y$，$\rho_y$，$c_z$，$k_z$，$\rho_z$ 均为正数；

$s_x = \dot{e}_x + c_x e_x$，$s_y = \dot{e}_y + c_y e_y$，$s_z = \dot{e}_z + c_z e_z$；

$e_x = x - x_d$，$e_y = y - y_d$，$e_z = z - z_d$。

则在控制器 $a_x$，$a_y$ 和 $a_z$ 的作用下，控制目标可以实现。

这里以 $a_x$ 作用下的 $x$ 轴方向稳定性的分析为例，$y$ 和 $z$ 轴方向的稳定性可按相同的方法进行分析。考虑 Lyapunov 函数 $V_x =$

$0.5(s_x)^2$，将 $V_x$ 对时间求导可得

$$\dot{V}_x = s_x \dot{s}_x = s_x (c_x \dot{e}_x + \ddot{x} - \ddot{x}_d) = s_x [-\omega_p^2 x + a_x + c_x \dot{e}_x - \ddot{x}_d]$$

$$(5-46)$$

将 $a_x$ 代入式（5-46）可得

$$\dot{V}_x = s_x [-k_x s_x - \rho_x \operatorname{sgn}(s_x)] = -k_x (s_x)^2 - \rho_x |s_x|$$

$$(5-47)$$

取 $k_x > 0$，则有 $\dot{V}_x \leqslant -\rho_x |s_x|$。故 $s_x \equiv 0$ 可以在有限时间内到达。在 $s_x \equiv 0$ 上有 $\dot{e}_x + c_x e_x = 0$，解此等式可得 $e_x = e_x(0) \mathrm{e}^{-c_x t}$，即在 $s_x \equiv 0$ 上 $\dot{e}_x$ 和 $e_x$ 也是指数收敛的。

### 5.3.4　控制参数初始值修正的方法

与 4.3.3.1 节一样，本节控制误差来源也包括以下 5 个方面，即：动力学方程推导所用的假设条件；动力学方程推导过程中的近似；外部力的预测误差；执行机构的误差；控制参数初始值的确定。

其中，最后一个因素仍为本节控制误差的主要来源，但可以通过控制参数初始值的设计来减小此因素带来的影响。前二个因素本章也是通过动力学方程的合理设计来减少其带来的误差；第三和第四个因素是控制方法固有的因素，通过采用成熟的技术来减少这两个因素带来的影响。为此本节着重研究如何对控制参数初始值的设计。与 4.3.3.2 节一样，本节也分系绳为拉紧和松弛两种情况：

（1）针对系绳为拉紧状态的情况

此时，控制参数为 $l$，$\alpha$，$\beta$，$\dot{l}$，$\dot{\alpha}$ 和 $\dot{\beta}$ 且其在交会关键点的大小可按由式（4-36）、式（4-37）、式（5-40）和式（5-41）得出，即如下式所示

$$\begin{cases} l = m_1^0/\rho - \sqrt{(m_1^0/\rho)^2 - 2Ml_2/\rho} \\ \alpha = a\tan2(z_a, y_a) \\ \beta = aS((R_p + y)S(i_s - i_p)Su_p/l_2) \\ \dot{l} = M\dot{l}_2 / [\rho\sqrt{(m_1^0/\rho)^2 - 2Ml_2/\rho}] \\ \dot{\alpha} = (\dot{z}_a y_a - \dot{y}_a z_a)/(y_a^2 + z_a^2) \\ \dot{\beta} = (R_p + y)S(i_s - i_p)(\dot{\theta}_p l_2 Cu_p - \dot{l}_2 Su_p)/ \\ \quad\quad [l_2\sqrt{l_2^2 - [(R_p + y)S(i_s - i_p)Su_p]^2}] \end{cases} \tag{5-48}$$

式（5-48）中的 $l_2$，$y_a$ 和 $z_a$ 的表达式为

$$\begin{cases} l_2 = \sqrt{(R_p + y)^2 + R^2 - 2R(R_p + y)[CuCu_p + C(i_s - i_p)Su_pSu]} \\ y_a = (R_p + y)[CuCu_p + C(i_s - i_p)Su_pSu] - R \\ z_a = (R_p + y)[-SuCu_p + C(i_s - i_p)Su_pCu] \end{cases}$$

式（5-48）中的 $\dot{l}_2$，$\dot{y}_a$ 和 $\dot{z}_a$ 为

$$\begin{cases} \dot{l}_2 = R(R_p + y)\{SuCu_p[\dot{\theta} - \dot{\theta}_pC(i_s - i_p)] + CuSu_p[\dot{\theta}_p - \dot{\theta}C(i_s - i_p)]\}/l_2 \\ \dot{y}_a = -(R_p + y)\{SuCu_p[\dot{\theta} - \dot{\theta}_pC(i_s - i_p)] + CuSu_p[\dot{\theta}_p - \dot{\theta}C(i_s - i_p)]\} \\ \dot{z}_a = (R_p + y)\{CuCu_p[\dot{\theta}_pC(i_s - i_p) - \dot{\theta}] + SuSu_p[\dot{\theta}_p - \dot{\theta}C(i_s - i_p)]\} \end{cases}$$

（2）针对系绳为松弛状态的情况

与 4.3.3.2 节一样，以相对位置在 Y 轴的分量不为 0 且其他控制参数均为 0 的情况为例，故由表 5-1 可知在交会关键点上可通过系绳参数 $l$，$\alpha$，$\beta$，$\dot{l}$，$\dot{\alpha}$ 和 $\dot{\beta}$ 的设计来对控制参数初始值进行修正，取

$$\begin{cases} l = m_1^0/\rho - \sqrt{(m_1^0/\rho)^2 - 2Ml_2/\rho} \\ \dot{l} = \beta = \alpha = 0 \\ \dot{\alpha} = [\dot{\theta}_pR_pC(i_p - i) - \dot{\theta}R]/r_2 - \dot{\theta} \\ \dot{\beta} = \tan(i_p - i)[[(\dot{\theta} + \dot{\alpha})(m_1 + 0.5m_t)l/M] + \dot{\theta}R]/[(m_1 + 0.5m_t)l/M] \end{cases}$$

$$\tag{5-49}$$

式（5-49）与式（5-48）中的 $l_2$ 表达式相同，即

$$l_2 = \sqrt{(R_p + y)^2 + R^2 - 2R(R_p + y)\left[CuCu_p + C(i_s - i_p)Su_pSu\right]}$$

## 5.4　数字仿真

### 5.4.1　仿真条件

主星的初始质量、子星的质量、系绳的线密度、地球万有引力常数、地球半径以及 TSS 质心轨道半径、升交点赤经，轨道倾角以及目标航天器的轨道高度和真近点角的值与 4.5.1 节相同，即取

$m_1^0 = 10\ 000\ \text{kg}$、$m_2 = 100\ \text{kg}$、$\rho = 0.2\ \text{kg/km}$、$\mu = 3.987\ 784\ 8 \times 10^5\ \text{km}^3/\text{s}^2$

$R_e = 6\ 378\ \text{km}$、$R = 7\ 078\ \text{km}$、$\Omega_s = 45°$、$i_s = 60°$、$R_p = 7\ 108\ \text{km}$、$\Omega_p = 45°$

目标星的轨道倾角分以下 2 种情况：$i_p = 61°$ 和 $i_p = 64°$。子星与目标的交会位置选为位于目标航天器正下方 100 m 处，要求子星与目标的交会窗口不小于 300 s，且相对位置的控制精度不低于 0.1 m(1σ)。

当采用联邦控制策略时，目标航天器和 TSS 质心纬度幅角分别为 3.043 05 rad 和 2.942 45 rad，且此时刻选为交会的起始时刻。此时：子星与目标接近时的初始参数取 $l_0 = 0.05\ \text{km}$，$\alpha_0 = \dot{\alpha}_0 = 0$，$\beta_0 = \dot{\beta}_0 = 0$；系绳的运动轨迹函数取 $l = l_0 \mathrm{e}^{1.4\omega t}$，控制时间 $t_f = 3\ 000\ \text{s}$；系绳终值取 $\alpha_f = \dot{\alpha}_f = 0$，$\beta_f = 0.5$，$\dot{\beta}_f = 0$。Gauss 伪谱法初始状态可由最终逼近段的终止状态来确定，其终止状态可由 5.3.4 节的结果给出，控制时间 $t_f = 12\ 000\ \text{s}$。

这 2 个阶段中系绳长度和摆角的误差与 4.5.1 节中的误差相同。即 $l$、$\alpha$、$\dot{\alpha}$、$\beta$ 和 $\dot{\beta}$ 中的误差为 1 m(1σ)，$10^{-3}$ rad(1σ)，$10^{-5}$ rad/s(1σ)，$10^{-3}$ rad(1σ)，$10^{-5}$ rad/s(1σ) 和 0.5 m(1σ)，$10^{-4}$ rad(1σ)，$10^{-6}$ rad/s(1σ)，$10^{-3}$ rad(1σ)，$10^{-5}$ rad/s(1σ)。

## 5.4.2　仿真结果

### 5.4.2.1　接近段的仿真结果

在初始接近段的变结构控制方法中，控制参数取 $k_a = c_\beta = k_\beta = c_\beta = 3 \times 10^{-3}$，$\rho_a = \rho_\beta = 10^{-4}$，则当 $i_p = 61°$ 和 $i_p = 64°$ 时，子星与目标的相对位置在目标质心轨道坐标系下沿 $X$，$Y$ 和 $Z$ 轴方向的变化如图 5 - 2 至图 5 - 4 所示。

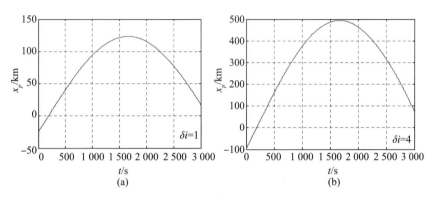

图 5 - 2　$X$ 轴的变化曲线

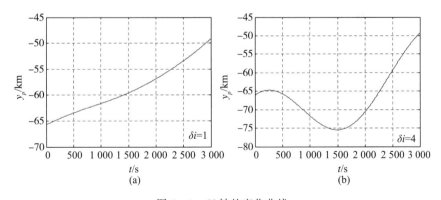

图 5 - 3　$Y$ 轴的变化曲线

面内和面外摆角方向控制力的如图 5 - 5（a）和（b）所示。

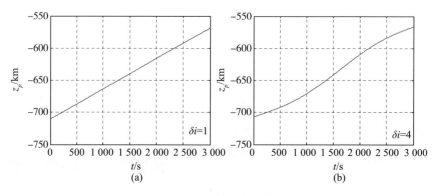

图 5-4　Z 轴的变化曲线

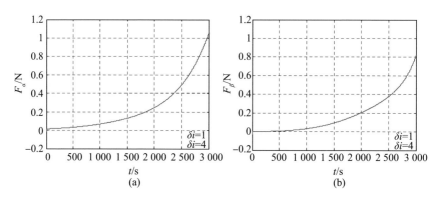

图 5-5　控制力的变化曲线

　　图 5-2 中的 $x_p$ 轴表示子星与目标的相对位置在目标航天器轨道坐标系沿 X 和轴分量的变化；图 5-5（b）图中 $F_\beta$ 轴表示系绳面外摆角方向控制力的变化，其单位为 N。图 5-2 至图 5-4 中的 $\delta i=1$ 表示针对 $i_p=61°$ 的情况，$\delta i=4$ 表示针对 $i_p=64°$ 的情况。从这 3 幅图看：无论是 $\delta i=1$ 还是 $\delta i=4$ 的情况，子星与目标的相对位置均能够迅速递减下去，但控制结束时，子星与目标的相对位置无论是在 X，还是 Y 和 Z 轴方向的分量都很远。系绳面内和面外摆角期望值和控制误差变化如图 5-6 所示。

　　系绳长度和系绳的张力如图 5-7 和图 5-8 所示。

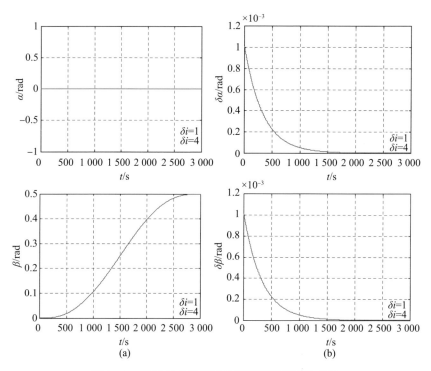

图 5 - 6　系绳摆角期望值及其跟踪误差变化曲线

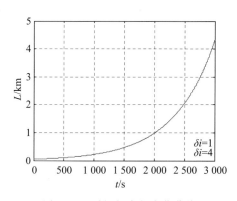

图 5 - 7　系绳长度的变化曲线

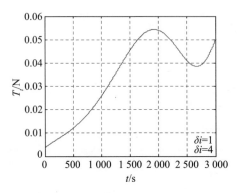

图 5 - 8　系绳张力的变化

图 5 - 6 中的 $\beta$ 和 $\delta\beta$ 轴分别表示系绳面外摆角期望值和系绳面外摆角真值与期望值差值的变化，单位均为 rad。图 5 - 6 至图 5 - 8 表明：无论是作用在子星上的控制力，还是系绳的运动轨迹都不会出现突变的现象，这说明系绳的运动轨迹呈现出良好的光滑性。系绳的张力变化曲线图 5 - 8 表明系绳的张力一直为正，且整个过程中系绳的张力一直不大，这也是由于重力梯度力之差较小的原因。

3 000 s 后，子星与异面目标进入最终逼近阶段，仍分系绳为松弛和拉紧状态这 2 种情况，且性能指标函数均取 Mayer 形式，即取

$$J = 0.5 \sum_{i=1}^{6} (x_{if} - x_{icf})^2$$

式中　　$(x)_{if}$ ——状态量 $x$ 第 $i$ 个变量的最终值；

　　　　$(x)_{icf}$ ——状态量 $x$ 第 $i$ 个变量的期望值，即 5.3.4 节所设计的系绳参数。

状态量 $x = [l, \alpha, \beta, \dot{l}, \dot{\alpha}, \dot{\beta}]'$。

（1）当系绳在相对位姿保持段为拉紧状态时

此时在最终逼近段系绳终止参数由式（5 - 48）给出，则子星与目标相对位置在目标质心轨道坐标系沿 $X$，$Y$ 和 $Z$ 的变化如图 5 - 9 至图 5 - 11 所示。

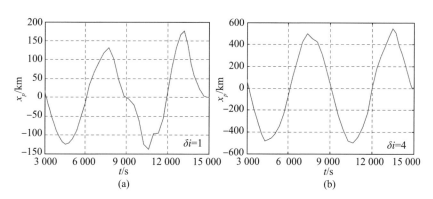

图 5 - 9　X 轴的变化曲线

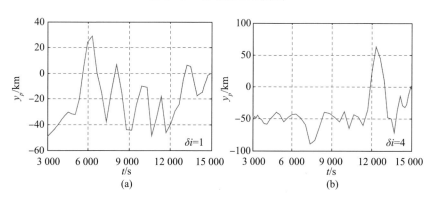

图 5 - 10　Y 轴的变化曲线

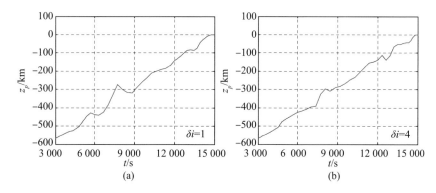

图 5 - 11　Z 轴的变化曲线

从图 5 - 9 至图 5 - 11 看，无论是 $\delta i = 1$ 还是 $\delta i = 4$ 的情况，子星与目标的相对位置都呈递减趋势。由图 5 - 9 至图 5 - 11 的数据可得：当 $\delta i = 1$ 时，相对位置在 $t = 3\,000$ s 和 $t = 13\,000$ s 时的大小分别为 17.567 4 km，－49.197 8 km，－569.187 3 km 和－0.002 9 km，－0.099 km，－0.003 km；当 $\delta i = 4$ 时，相对位置在 $t = 3\,000$ s 和 $t = 13\,000$ s 时的大小分别为 76.334 4 km，－49.391 5 km，－566.736 1 km 和－0.002 8 km，－0.099 km，－0.003 2 km。

子星在交会关键点处与期望的相对位置参数存在偏差，其原因也是本文在在最终逼近的终止控制参数中引入了误差。

从图 5 - 9 至图 5 - 11 （a）和（b）中的数据可得，在控制将要结束时，子星会出现在目标轨道上方的情况，但由图 5 - 12 中的数据可知子星与目标航天器不会出现相撞的情况。

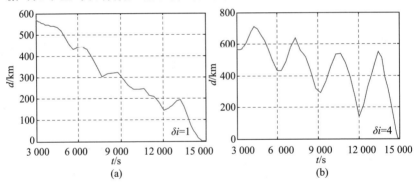

图 5 - 12　相对距离的变化

从图 5 - 12 （a）和（b）看，子星与目标的相对距离变化呈现递减趋势，在控制结束时，子星与目标的相对距离能够控制在给定的范围内。

系绳参数的变化如图 5 - 13 至图 5 - 15 （a）和（b）所示。

由图 5 - 13 至图 5 - 15 可得在系绳的运动控制过程中，系绳参数均未出现突变现象，这表明系绳的运动过程呈现出良好的光滑性。

系绳张力和根据 Gauss 伪谱法和协态映射定理所得 $H$ 函数曲线的变化如图 5 - 16 所示。

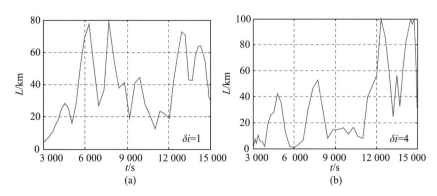

图 5 - 13　系绳长度的变化

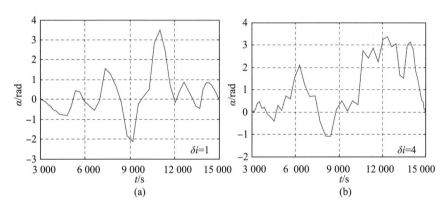

图 5 - 14　面内摆角的变化

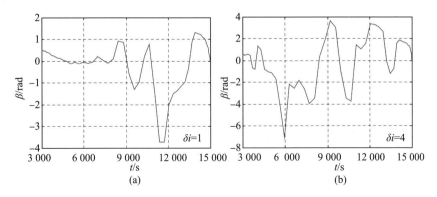

图 5 - 15　面外摆角的变化

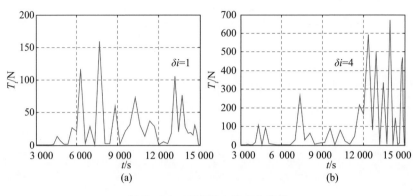

图 5 - 16　系绳张力的变化曲线

图 5 - 16 （a） 和 （b） 说明系绳运动过程中，系绳均不会出现松弛现象。但 TSS 质心与目标航天器的轨道倾角之差越大，则系绳所需承受的拉力将明显增加，甚至有可能会造成在现实中无法找到能够承受此拉力的系绳。因此，对于工程应用中无法找到能够承受此拉力的系绳，可以考虑通过多级 TSS 来实现卫星与具有大倾角偏差的目标进行交会。图 5 - 17 （a） 和 （b） 说明无论是 $\delta i = 1$ 还是 $\delta i = 4$ 的情况，Hamilton 函数的数值解随时间基本保持不变 $[H(t) \approx 0]$。

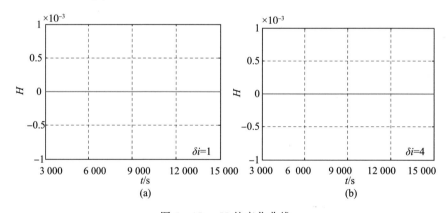

图 5 - 17　$H$ 的变化曲线

（2）当系绳在相对位姿保持段为松弛状态时

针对这种情况，系绳在最终逼近段的终止参数不再是由式（5 - 48）给出，而由式（5 - 49）给出，此时子星与目标相对位置在目标质心轨道坐标系沿 $X$，$Y$ 和 $Z$ 的变化如图 5 - 18 至图 5 - 20 所示。

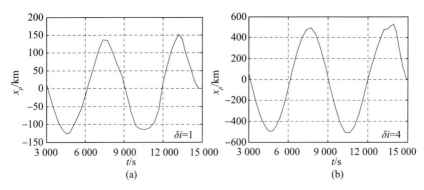

图 5 - 18　$X$ 轴的变化曲线

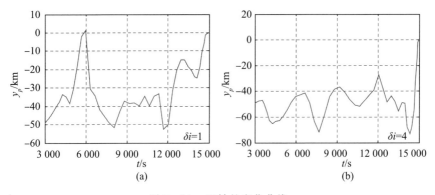

图 5 - 19　$Y$ 轴的变化曲线

根据图 5 - 18 至图 5 - 20 的数据可得：当子星与目标相对倾角之差 $\delta i = 1$ 时，相对位置在 $t = 3\,000$ s 和 $t = 13\,000$ s 时的大小分别为 17.567 4 km，$-49.197\,8$ km，$-569.187\,3$ km 和 $-0.003$ km，$-0.099$ km，0.002 9 km；当子星与目标相对倾角之差 $\delta i = 4$ 时，相对位置在 $t = 3\,000$ s 和 $t = 13\,000$ s 时的大小分别为 76.334 4 km，

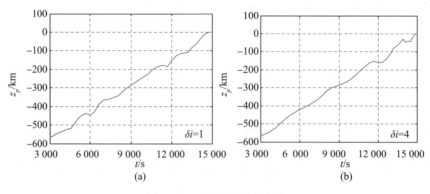

图 5 - 20    $Z$ 轴的变化曲线

－49.197 8 km，－569.187 3 km 和－0.002 8 km，－0.099 5 km，0.002 9 km。

从图 5 - 18 至图 5 - 20 看，无论是 $\delta i = 1$ 还是 $\delta i = 4$ 的情况，子星与异面目标的相对位置都呈递减趋势。

从图 5 - 19 和图 5 - 20（a）和（b）中的数据可得，在控制将要结束时，子星会出现在目标轨道上方的情况，但由图 5 - 21 中的数据可知子星与目标航天器不会出现相撞的情况。系绳的长度和摆角的变化如图 5 - 22 至图 5 - 24 所示。

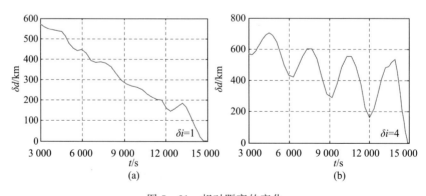

图 5 - 21    相对距离的变化

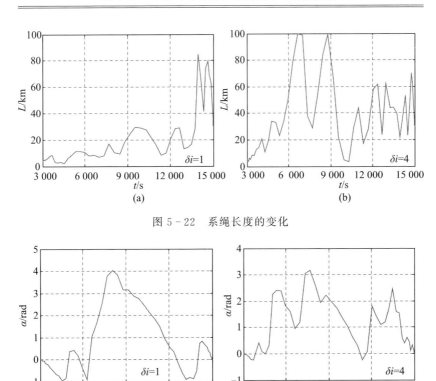

图 5 - 22　系绳长度的变化

图 5 - 23　面内摆角的变化

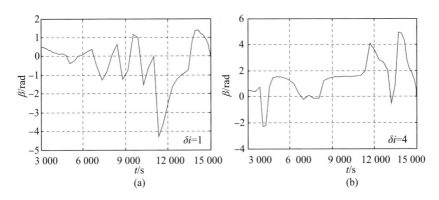

图 5 - 24　面外摆角的变化

由图 5-22 至图 5-24 可得：无论针对 $\delta i = 1°$ 还是针对 $\delta i = 4°$ 的情况，系绳参数在最终逼近段中未出现突变现象，这说明系绳的运动过程呈现出良好的光滑性；当 $\delta i$ 变大时，所需的系绳长度将增加，这说明若欲使轨道面的变化增加，则系绳所需的长度将增加。

系绳张力和 $H$ 函数的变化如图 5-25 和图 5-26 所示。

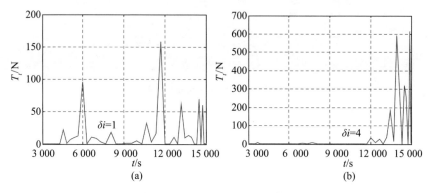

图 5-25　系绳张力的变化曲线

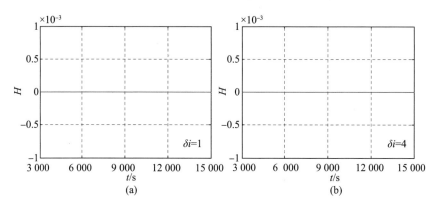

图 5-26　$H$ 的变化曲线

图 5-25（a）和（b）说明系绳运动过程中，系绳均不会出现松弛现象。但 TSS 质心与目标航天器的轨道倾角之差越大，则系绳所需承受的拉力将明显增加，甚至有可能会造成在现实中无法找到能够承受此拉力的系绳。因此，对于工程应用中无法找到能够承受此拉力的系

绳，可以考虑通过多级 TSS 来实现卫星与具有大倾角偏差的目标进行交会。图 5 - 26（a）和（b）说明无论是 $\delta i = 1$ 还是 $\delta i = 4$ 的情况，Hamilton 函数的数值解随时间基本保持不变 $[H(t) \approx 0]$。

### 5.4.2.2　相对位置保持的仿真结果

11 000 s 后，子星与异面目标转入相对位置保持阶段。与 4.5.2.2 节一样，本节也包括系绳为拉紧和松弛状态这 2 种情况。

（1）当系绳在相对位姿保持段为拉紧状态时

此时对于 $i_p = 61°$ 和 $i_p = 64°$ 这 2 种情况下系绳张力的变化如图 5 - 27 所示。

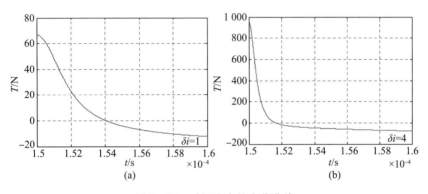

图 5 - 27　系绳张力的变化曲线

由图 5 - 27 可得：当 $i_p = 61°$ 和 $i_p = 64°$ 时，绳系辅助交会法在延长子星与目标交会窗口的过程中，系绳的张力会出现为负的情况，这说明系绳会出现松弛现象。换言之，子星与目标的交会窗口很短，且 TSS 质心与目标质心轨道倾角之差越大，不但系绳需承受的张力越大，而且子星与目标的交会窗口越短。这说明绳系辅助交会法不适用于延长子星与目标相对位置保持时间的任务。

子星与目标相对位置在目标质心轨道坐标系沿 $X$，$Y$ 和 $Z$ 的变化如图 5 - 28 至图 5 - 30 所示。

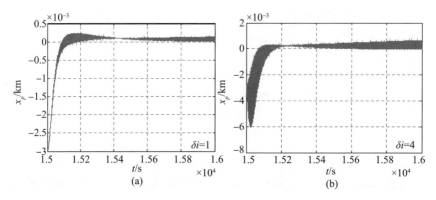

图 5 - 28　X 轴的变化曲线

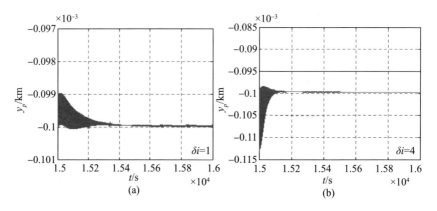

图 5 - 29　Y 轴的变化曲线

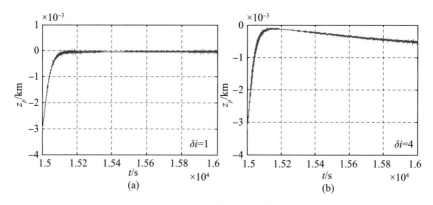

图 5 - 30　Z 轴的变化曲线

系绳参数的变化如图 5 - 31 至图 5 - 32 所示。

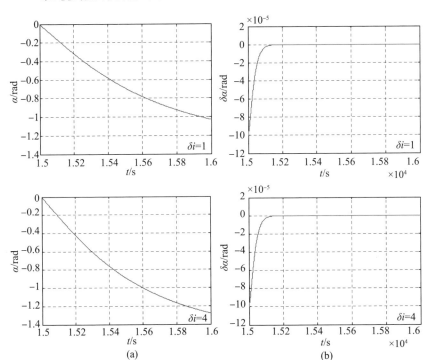

图 5 - 31　面内摆角的期望值及其跟踪误差的变化

图 5 - 33 表明当 TSS 质心与目标质心轨道倾角偏差增大时，系绳长度的变化较明显。由图 5 - 31 和图 5 - 32 可知：对于目标航天器质心轨道倾角 $i_p = 61°$ 和 $i_p = 64°$ 这 2 种情况，系绳的面内和面外摆角均能迅速稳定在期望值附近，但图 5 - 31 和图 5 - 32 表明子星与目标的相对位置很难在期望值附近收敛，其原因主要是本节方法中的拟合函数与实际函数之间存在的偏差较大，其偏差的变化如图 5 - 34 所示。

图 5 - 34（a）和（b）的 $\delta L$ 轴表示绳长实际值与拟合值差值的大小，其单位均为 m。

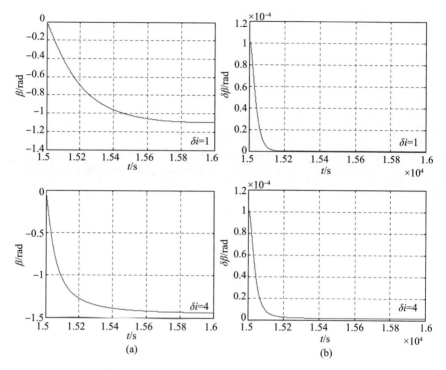

图 5 - 32  面外摆角期望值及其跟踪误差的变化

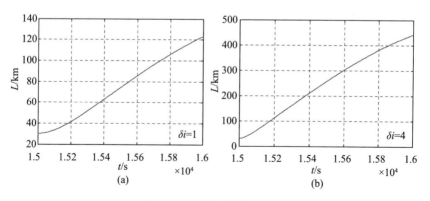

图 5 - 33  系绳长度的变化

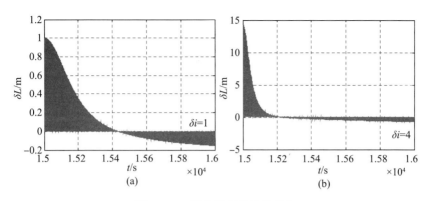

图 5 - 34　系绳长度偏差的变化

从这 2 幅图看，当 TSS 质心与目标质心轨道倾角之差较小时，可以使 $\sigma L$ 的值很小，但系绳长度的变化率不够光滑，且对于轨道倾角较大的情况，该拟合方法不但使子星与目标的相对位置偏差较大，而且使得面内和面外摆角方向的控制力明显的增加。面内和面外摆角方向的控制力变化如图 5 - 35 和图 5 - 36 所示。

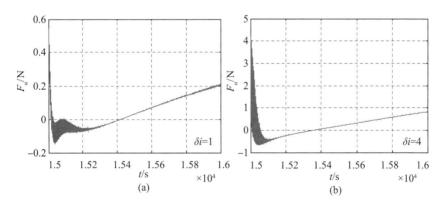

图 5 - 35　面内控制力的变化曲线

（2）当系绳在相对位姿保持段为松弛状态时

此时，在子星与异面目标相对位置保持过程中，系绳的张力和摆角均为 0。为此，下文只给出子星与目标在目标质心轨道坐标系下

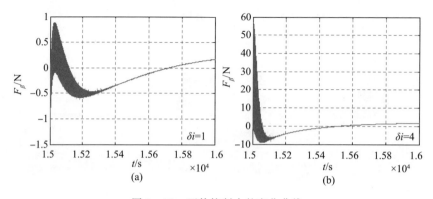

图 5 - 36　面外控制力的变化曲线

的相对位置和相应位置上作用力的变化。此时，子星与目标相对位置在目标质心轨道坐标系沿 $X$，$Y$ 和 $Z$ 的变化如图 5 - 37 至图 5 - 39所示。

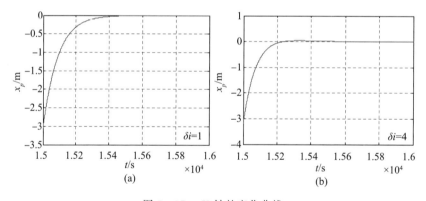

图 5 - 37　$X$ 轴的变化曲线

　　从这 3 幅图看：5.3.3 节提出的方法能使子星与异面目标的相对位置保持时间不小于 300 s；子星与异面目标的相对位置能够迅速地收敛到期望值附近，并具有良好的稳定性。稳态时，相对位置控制精度均不大于 0.01 m(1$\sigma$)，满足所提的要求。

　　在目标质心轨道坐标系 $X$，$Y$ 和 $Z$ 轴方向的控制力如图 5 - 40

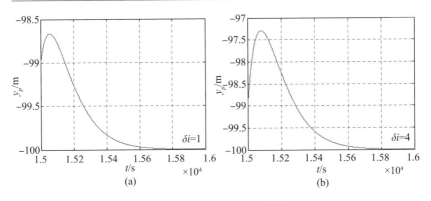

图 5 - 38　Y 轴的变化曲线

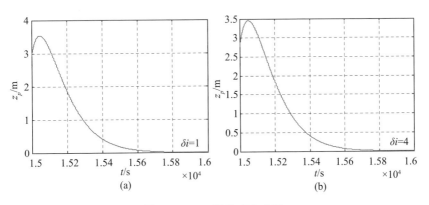

图 5 - 39　Z 轴的变化曲线

至图 5 - 42 所示。

　　图 5 - 40 的 $F_x$ 表示作用在目标质心轨道坐标系 X 轴方向的控制力，单位为 N。

　　与 4.5.2.3 存在相同的问题，即图 5 - 41 中也会出现目标质心轨道坐标系 Y 轴方向的控制力为负的情况，这也说明当采用喷气进行控制时，喷气产生的羽流会对目标造成影响。

　　然而，图 5 - 40 至图 5 - 42 表明：无论是面内摆角还是面外摆角方向的控制力大小均不超过 0.15 N，这说明即使采用推进剂消耗的方法进行控制，所需的推进剂也是很少的。

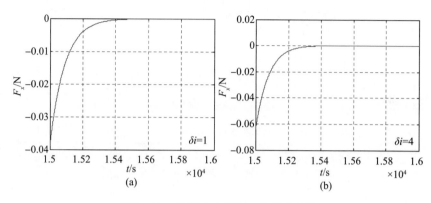

图 5 - 40　　X 轴方向控制力的变化曲线

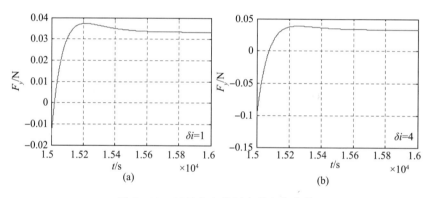

图 5 - 41　　Y 轴方向控制力的变化曲线

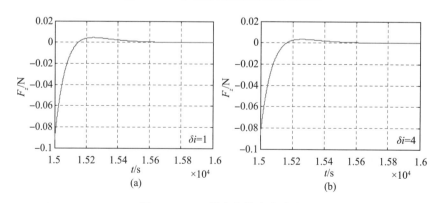

图 5 - 42　　Z 轴方向的变化曲线

### 5.4.2.3 整个交会过程的仿真结果

本节的整个交会过程是指子星与异面目标的接近和相对位置保持这 2 个阶段的总称，分系绳在相对位置保持段为拉紧和松弛这 2 种情况。针对这 2 种情况，本节将给出相应的仿真结果。

（1）当系绳在相对位姿保持段为拉紧状态时

针对这种情况，系绳参数 $l$，$\alpha$ 和 $\beta$ 在整个交会过程中的变化如图 5 - 43 至图 5 - 45 所示。

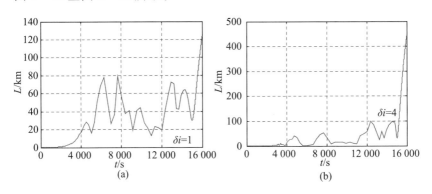

图 5 - 43　系绳长度的变化

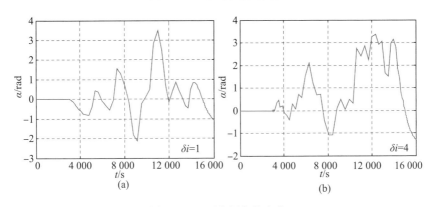

图 5 - 44　面内摆角的变化

在整个交会过程中，系绳张力的变化如图 5 - 46 所示。

图 5 - 46（a）和（b）表明：在子星与异面目标交会的过程中，

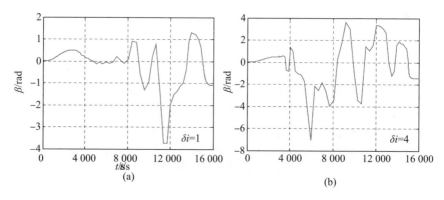

图 5 - 45  面外摆角的变化

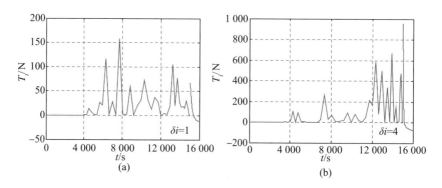

图 5 - 46  系绳张力的变化曲线

系绳张力会出现负值，即在子星与目标的相对位置保持过程中，系绳会出现松弛现象，这说明绳系辅助交会的控制策略不适合用于完成子星与目标的相对位置保持任务。

在整个交会过程中，系绳摆角方向控制力的变化如图 5 - 47 和图 5 - 48 所示。

图 5 - 48（b）表明：系绳为拉紧状态下设计的控制方法对面外摆角的控制能力提出很高的要求，增加了推进系统的复杂性。

在整个交会过程中，子星与目标相对位置在目标质心轨道坐标系 $X$，$Y$ 和 $Z$ 轴方向的变化如图 5 - 49 至图 5 - 51 所示。

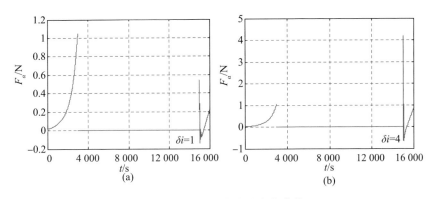

图 5-47　面内控制力的变化曲线

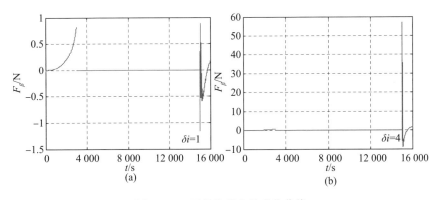

图 5-48　面外控制力的变化曲线

（2）当系绳在相对位姿段为松弛状态时

此时系绳不存在面内和面外摆角方向，故在下面仿真图形中只给出子星与异面目标相对位置在目标质心轨道坐标系 $X$，$Y$ 和 $Z$ 轴方向的仿真结果。

子星与异面目标相对位置在目标质心轨道坐标系 $X$，$Y$ 和 $Z$ 轴方向的变化如图 5-52 至图 5-54 所示。

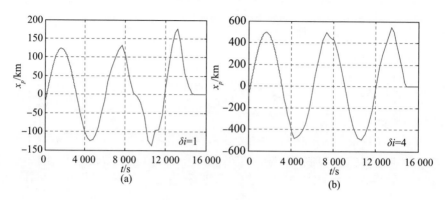

图 5 - 49　　X 轴的变化曲线

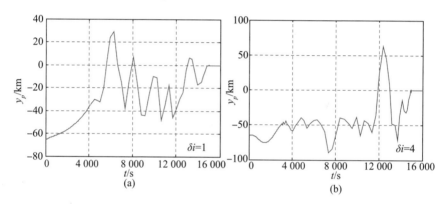

图 5 - 50　　Y 轴的变化曲线

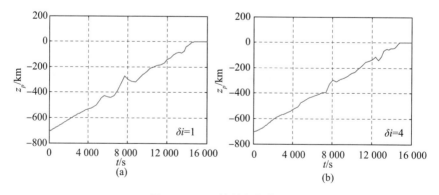

图 5 - 51　　Z 轴的变化曲线

研究。针对如何判断子星与异面目标交会方式的问题，提出了系绳参数与目标质心轨道面在系绳松弛瞬间时的关系式，为本章交会方式的判断和制导参数的确定提供了充足的理论依据；针对子星与异面目标交会时间短的问题，提出了系绳为松弛状态下的变结构控制法来延长子星与异面目标的相对位置保持时间，且所提方法能用于存在模型不确定性和外界干扰的情况。在研究子星与异面目标的相对位置保持控制方法中也对系绳拉紧时的控制方法进行了研究，其目的是为了说明系绳松弛时的控制方法要优于系绳拉紧时的控制方法，指出控制参数的初始值也为本章相对位置保持控制误差的主要原因，并通过控制参数初始值的设计来减小其对控制误差的影响。

此外，本章还研究了接近段的制导与控制方法，并借助 Matlab 仿真软件验证了接近段和相对位置保持段的制导与控制方法的有效性，且由理论分析和仿真结果可得：无论在经济性，安全性和重复使用性方面，还是在交会方式尤其是推进剂消耗方面，本文绳系卫星的子星与异面目标的交会方法都要优于传统的交会方法。

# 第6章 结 论

绳系卫星在空间交会中的应用可以为"空间系统维护与支援"提供一种经济、安全和可重复使用的崭新方法。然而，为使这一应用变为现实，绳系卫星交会制导与控制的方法是个急需解决的重要问题。

针对这一问题，本文以国家 863 航天领域某重点项目为研究背景，以绳系卫星的子星与共面目标或绳系卫星的子星与异面目标为研究对象，设计了子星与共面/异面目标的交会任务及其制导与控制策略，重点研究了子星与共面/异面目标的交会制导与控制方法。研究结果表明了本文的绳系卫星交会方法在经济性、安全性和可重复使用性等方面均要优于传统的交会方法，主要取得了以下五项创新性成果：

1）针对如何判断子星与共面目标交会方式的问题，提出了实现绳系卫星的子星轨道面改变的必要条件，即第 3 章的定理 3 - 1 和定理 3 - 2。借助系绳的动量交换技术实现子星轨道面改变的条件是面外摆角和面外摆角角速率不同时为 0，这一结论在有的文献中已提出过，但这一条件是实现子星轨道面改变的充分、必要还是充要条件有待进一步确定，且这一结论的正确性需要进行严格数学证明。本文对这一结论进行了进一步研究，并提出：在 TSS 质心运行在圆轨道且系绳速率为 0 的情况下，实现子星轨道面改变的必要条件是面外摆角的正弦值及其角速率不同时为 0；在 TSS 质心运行在椭圆轨道且系绳速率为 0 的情况下，实现子星 $|Ci_2|$ 和 $|C\Omega_2|$ 改变的必要条件是面外摆角的正弦值和面外摆角的角速率不同时为 0。该条件的提出为判断子星与共面目标的交会方式提供了理论依据，且简化了子星与共面目标交会制导和控制策略及其相应算法构建的复杂性。

2）针对如何延长绳系卫星的子星与共面目标相对位置保持时间的问题，在存在模型不确定性以及外界干扰的情况下，提出了两种控制方法用来延长子星与共面目标的相对位置保持时间，即系绳拉紧状态下系绳速率与变结构控制的联合控制法和系绳松弛状态下的变结构控制法。在对子星与共面目标相对位置保持方法的研究中，已有方法要么使系统机械结构的复杂性增加，要么会对系绳产生腐蚀、冲击和受热等不良影响，且没有考虑存在模型不确定性和外界干扰的情况。为此，本文提出了两种控制方法用来解决相对位置保持的控制问题，即系绳拉紧状态下系绳速率与变结构控制的联合控制法和系绳松弛状态下的变结构控制法。这两种控制方法的主要区别在于：在相对位置保持过程中，前者系绳一直保持拉紧状态，后者系绳一直为松弛状态。仿真结果验证了所提方法的有效性，且后者更适合用于精度要求较高的情况，但当喷气羽流对目标所造成的影响不能忽略时，前者更适合用于完成交会任务。

3）针对如何判断子星与异面目标交会方式的问题，提出了绳系卫星的系绳参数与目标质心轨道面在系绳松弛瞬间时的关系式［如式（5-11）至式（5-37）所示］。针对子星释放后子星轨道面变化的问题，已有文献进行过研究，但如何实现子星向指定轨道面的转移仍是个需要解决的问题，即：子星释放瞬间，系绳参数与目标质心轨道面关系式的确定仍是个有待解决的问题。为此，本文以 TSS 质心轨道为圆轨道为例，推导出子星释放瞬间系绳参数与目标质心轨道面之间的关系式。这些关系式的建立为判断子星与异面目标的交会方式提供了充足的理论依据，且为子星与异面目标交会制导参数的设计提供了参考，同时也能为今后开展借助系绳实现卫星轨道面改变的相关试验提供理论基础。

4）针对子星与异面目标相对位置保持时间非常短的问题，提出了系绳为松弛状态下的变结构控制法，所提方法能延长子星与异面目标相对位置保持时间，且能用于存在模型不确定性、外界干扰以及 TSS 质心与目标质心轨道倾角之差大于 3° 的情况。目前，已有文献对子星与异面目标相对位置保持的控制方法研究中，不但没有考虑存在模型不确定性、外界干扰以及 TSS 质心与目标质心轨道倾角之差大于 $3°$ 的情况，而且子星与目标相对位置保持的时间也非常短，尤其是当 TSS 质心与目标质心轨道面相差较大时，子星与目标的交会几乎是瞬间的。为此，本文选用 C - W 方程作为控制方程，借助变结构控制法来解决这一问题，且理论分析和数字仿真的结果也验证了所提方法的有效性。

5）在绳系卫星的系绳拉力力臂未知的情况下，提出了借助 Lyapunov 函数来构建子星与目标相对姿态保持的控制方法。TSS 除具有传统航天器的姿态干扰外，系绳的运动同样也会对其产生姿态扰动。这些不确定性使得所构建的相对姿态控制器对参数变化必须具有足够的鲁棒性，否则很难保证精度要求，甚至使 TSS 翻滚。针对这一问题，本文提出了可用于系绳拉力力臂未知情况下的相对姿态保持控制方法，且所提的方法具有对参数不确定性的鲁棒和对一般外干扰的抑制相结合的优点。

绳系卫星的交会技术非常复杂，研究内容也相当广泛，在总结本文的基础上，作者认为还应在以下方面进行更加深入的研究：

1）在考虑系绳的、可弯曲性和空间环境力矩等影响时，对本文所提出的控制方法进行进一步研究。本文的研究均没有考虑系绳的弹性、可弯曲性和空间环境力矩等影响，目的是进行原理验证、方法实现。未来工作将进一步考虑工程性的问题，根据卫星研制任务中的具体情况，加入上述各方面的影响，以对方法的性能进行更充分的验证，并在地面进行相应的实验。

2）研究 2 个或多个绳系子星对同一目标或多个目标进行交会的制导与控制技术。本文研究的 TSS 是一个最为常见的 TSS，即由主星和子星通过系绳相连所构成的系统。若主星上携带多个通过系绳相连的子星，则不但可以在较远的距离上实现子星与目标的交会，而且还可以对多个目标同时或分批次进行交会作业。这一研究无疑可以增加任务的成功率，而且还能够拓宽 TSS 在空间交会上的应用。

# 参 考 文 献

［1］ K. D. KUMAR. Review of Dynamics and Control of Nonelectrodynamic Tethered Satellite Systems. Journal of Spacecraft and Rockets. 2006，43 (4)：705 - 720.

［2］ W. Z. SPENCER，M. P. CARTMELL. Investigating the Use of Motorised Tethers for Payload Orbital Transfer. AIAA/AAS Astrodynamics Specialist Conference. Denver：USA，2000：582 - 592.

［3］ S. CHO. Analysis of the Orbit Motion of a General Tethered Satellite System. Docotor of Phiosophy. 1999：1 - 2.

［4］ M. H. KAPLAN. Survey of Space Debris Reduction Methods. AIAA SPACE 2009 Conference &. Exposition. Pasadena，California，2009，Sep 14 - 17.

［5］ M. P. CARTMELL，D. J. MCKENZIE. A Review of Space Tether Research. Progress in Aerospace Sciences. 2008，44：1 - 21.

［6］ J. R. SANMARTIN，E. C. LORENZINI，M. M. SANCHEZ. A Review of Electrodynamic Tethers for Space Applications. 44th AIAA/ASME/SAE/ASEE Joint Propulsion Conference &. Exhibit，Hartford，USA，2008，July 21 - 23：1 - 12.

［7］ M. L. COSMO，E. C. LORENZINI. Tethers In Space Handbook. 3th ed. Smithsonian Astrophysical Observatory，Cambridge M A. 1997，1 - 116.

［8］ 曹喜滨，张锦绣，译．绳系卫星系统动力学．北京：国防工业出版社，2015．

［9］ M. DOBROWOLNY，N. H. STONE. A Technical Overview of TSS - 1：The First Tethered Satellite Mission，1994：1 - 12.

［10］ N. H. STONE，C. BONIFAZAI. The TSS - 1R Mission：Overview and Scientific Context. Geophysical Research Letters，1998，25 (4)：409 - 412.

［11］ N. H. STONE. Fall Science Meeting Highlights Tethered Satellite Results. 1996 http：//science. nasa. gov/newhome/headlines /ast15oct96 _ 1. htm .

[12]　J. MCCOY, et al. Plasma Motor Generator （PMG） Flight Experiment Results. Proceedings of the Fourth International Conference On Tethers in Space, 1995: 57 - 82.

[13]　E. C. LORENZINI, S. B. BORTOLAMI, C. C. RUPP, F. ANGRILLI. Control and Flight Performance of Tethered Satellite Small Expendable Deployment System - 2. Journal of Guidance, Control and Dynamics. 1996, 19 （5）: 1148 - 1156.

[14]　W. J. BARNDS, S. L. COFFEY, et al. Results of the Tips Tethered Satellite Experiment. Joint AAS/AISS Astrodynamics Conference, 1997.

[15]　J. PEARSON, J. CARROLL, et al. Overview of the Electrodynamic Delivery Express. 39th AIAA/ASME/SAE/ASEE Joint Propulsion Conference and Exhibie, 2003, AIAA - 2003 - 4790.

[16]　C. PARDINI, T. HANADA, et al. Are De - Orbiting Missions Possible Using Electrodynamic Tethers? Task Review from the Space Debris Perspectinve. Elsevier Ltd, 2007: 916 - 928.

[17]　C. PARDINI. Overview of Space Tether Application: State - of - the - art Knowledge and Tools. 21st IADC Meeting. 2003.

[18]　M. KRUIJFF, . The Yong Engineer's Satellite. Flight Result and Critical Analysis of a Super Fast Hand on Project, IAF - 99 - P. 1. 04.

[19]　I. ANTONIOS, VAVOULIOTIS, et al. Structural Analysis of E. S. A Young Engineers Satellite 2 Ejection System. 5th GRACM International Congress on Computational Mechanics, 2005.

[20]　M. KRUIJFF, J. ERIK. YES2, the Second Yong Engineer's Satellite - A Tethered Inherently Safe Re - entry Capsule. 53rd International Astronomical Congress, 2002.

[21]　M. KRUIJFF, E. J HEIDE, W. J. OCKELS. Data Analysis of a Tethered SpaceMail Experiment. Journal of Spacecraft and Rockets. 2009, 46 （6）: 1272 - 1287.

[22]　What is YES2 and how to contact us Young Engineers' Satellite 2. 2006, http: //www. yes2. info/frontpage? page=13.

[23]　张万周. 空间系绳系统的发展及其应用前景 [J]. 中国航天, 1999 （3）: 23 - 28.

[24] J. L. ANDERSON. Tether Technology – Conference Summary. In: AIAA 26th Aerospace Sciences Meeting, 1988, 11 – 14.

[25] A. K. MISRA, V. J. MODI. A Survey on the Dynamics and Control of Tethered Satellite System. Advances in the Astronautical Sciences, 1987, 62: 667 – 719.

[26] J. A. CARROLL. Tether Applications in Space Transportation. Acta Astronautica, 1986, 13 (4): 165 – 174.

[27] G. COLOMBO. The Use of Tethers for Payload Orbital Transfer. Smithsonian Astrophysical Observatory, NAS8 – 5569, 1982.

[28] A. K. MISRA, V. J. MODI. Three – Dimensional Dynamics and Control of Tether Connected N – Body Systems. Acta Astronautica, 1992, 26 (2): 77 – 84.

[29] A. B. DECOU. Attitude and Tether Vibration Control in Spinning Tether Triangles for Orbiting Interferometry. The Journal of the Astronautical Sciences. 1993, 41 (3): 373 – 398.

[30] K. KOKUBUN, H. A. FUJII. Deployment/Retrieval Control of a Tethered Subsatellite Under Effect of Tether Elasticity. Journal of Guidance, Control and Dynamics. 1996, 19 (1): 84 – 90.

[31] M. PASCA. Nonlinear Control of Tethered Satellite System Oscillations. Nonlinear Analysis Theory Methods and Applications. 1997, 30 (6): 3867 – 3878.

[32] S. KALANTZIS, V. J. MODI, S. PRADHAN. Dynamics and Control of Multibody Tethered Systems, Acta Astronautica, 1998, 42 (9): 503 – 517.

[33] S. PRADHAN, V. J. MODI, A. K. MISRA. Tether – Platform Coupled Control. Acta Astronautica, 1999, 44 (5): 243 – 256.

[34] S. PRADHAN, V. J. MODI, A. K. MISRA. Control of tethered satellite systems using thruster and offset strategies. Journal of Guidance, Control and Dynamics. 1996, 64 (2): 175 – 193.

[35] M. PASCAL, A. DJEBLI, E. L. BAKKALI. Laws of Deployment/Retrival in Tether Connected Satellites Systems. Elsevier Science Ltd, 1999, 2 (45): 61 – 73.

[36] 朱仁璋. 绳系卫星系统动力学、运动学与控制评述纲要 [J]. 航天器工

程，1998，7（4）：22 - 26.

[37]　朱仁璋. 绳系卫星系统的运动与控制 [J]. 宇航学报，1991（4）：32 - 42.

[38]　朱仁璋. 绳系卫星系统耦合振动频率的确定 [J]. 中国空间技术，1993（2）：15 - 22.

[39]　朱仁璋. 速率控制下的空间系绳的伸展 [J]. 中国空间科学技术，1991（4）：50 - 55.

[40]　于绍华. 绳系卫星系统中的周期运动 [J]. 宇航学报，1997（3）：51 - 58.

[41]　于绍华. 空间系留卫星系统动力学与控制 [J]. 宇航学报，1992（2）：87 - 94.

[42]　S. H. YU. Dynamic Model and Control of Mass - Distributed Tether Satellite System. Journal of Spacecraft and Rockets. 2002，39（2）：213 - 218.

[43]　崔乃刚，刘暾，林晓辉，赵辰洙. 基于椭圆轨道的绳系卫星伸展及释放过程仿真研究 [J]. 哈尔滨工业大学学报，1996，28（4）：117 - 122.

[44]　崔乃刚，齐乃明，程俊仁. 绳系卫星系统系绳展开及剪断后轨道参数的计算 [J]. 哈尔滨工业大学学报，1995，27（1）：97 - 100.

[45]　崔乃刚. 绳系卫星动力学与控制及应用研究 [D]. 哈尔滨工业大学，1996.

[46]　顾晓勤，谭朝阳. Hohmann 转移释放绳系卫星的方法研究 [J]. 力学与实践，1998，20（6）：27 - 29.

[47]　顾晓勤，谭朝阳. 绳系卫星横向振动的控制方法 [J]. 空间科学学报，1999，19（2）：187 - 191.

[48]　P. WILLIAMS. Optimal Control of Electrodynamic Tether Orbit Transfers Using Timescale Separation. Journal of Guidance，Control and Dynamics. 2010，33（1）：88 - 98.

[49]　R. STEVENS，W. WIESEL. Large Time Scale Optimal Control of an Electrodynamic Tether Satellite. Journal of Guidance，Control and Dynamics. 2008，31（6）：1716 - 1727.

[50]　J. PELAEZ，Y. N. ANDRES. Dynamic Stability of Electrodynamic Tethers in Inclined Elliptical Orbits. Journal of Guidance，Control and Dynamics. 2005，28（4）：611 - 622.

Method for Stationkeeping of Tethered Subsatellite. 18th International Symposium on Space Technology and Science. Kagoshima, Japan. 1992, May 17 - 22: 1859 - 1864.

[79] B. K. NIGJEH, C. BLANKSBY, P. TRIVAILO. Post - Capture Scenarios for Space Tether Mission. 53rd International Astronautical Congress. Houston Texas, 2002, October 10 - 12.

[80] P. WILLIAMS, C. BLANKSBY, P. TRIVAILO, H. A. FUJII. In - plane payload capture using tethers. Acta Astronautica. 2005, 57: 772 - 787.

[81] P. WILLIAMS, C. BLANKSBY. Prolonged Payload Rendezvous Using a Tether Actuator Mass. Journal of Spacecraft and Rockets. 2004, 41 (5): 889 - 893.

[82] P. WILLIAMS. In - Plane Payload Capture with an Elastic Tether. Journal of Guidance, Control and Dynamics. 2006, 29 (4): 810 - 821.

[83] P. WILLIAMS. Optimal Control of Tethered Planetary Capture Missions. Journal of Spacecraft and Rockets. 2003, 41 (2): 315 - 319.

[84] C. BLANKSBY, P. WILLIAMS, P. TRIVAILO. Tether assisted rendezvous for satellites with small relative inclinations. 54th International Astronautical Congress of the International Astronautical Federation, Bremen Germany, 2003, Sep29 - 3 Oct.

[85] P. WILLIAMS. Spacecraft Rendezvous on Small Relative Inclination Orbits Using Tethers. Journal of Spacecraft and Rockets. 2005, 42 (6): 1047 - 1060.

[86] P. WILLIAMS. Spacecraft Rendezvous on Small Relative Inclination Orbits Using Tethers. AIAA/AAS Astrodynamics Specialist Conference and Exhibit. Rohode Island, Providence, 2004, Aug 16 - 19.

[87] G. A. KYROUDIS, B. A. CONWAY. Advantages of Tether Release of Satellites from Elliptic Orbits. Journal of Guidance, Control and Dynamics. 1988, 11 (5): 441 - 448.

[88] M. PASCA, E. C. LORENZINI. Collection of Martian Atmospheric Dust with a Low Altitude Tethered Probe. Advances in the Astronautical Science. 1991, 75: 1121 - 1139.

[89] M. PASCA, E. C. LORENZINI. Optimization of a Low Altitude Tethered

Prob for Martian Atomospheric Dust Collection. Jourbal of the Astronautical Sciences. 1996, 44 (2): 191 - 205.

[90] E. C. LORENZINI, M. D. GROSSI, M. COSMO. Low Altitude Tethered Mars Probe. Acta Astronautica. 1990, 21 (1): 1 - 12.

[91] R. P. HOYT, R. L. FORWARD. Tether System for Exchanging Payloads Between Low Earth Orbit and the Lunar Surface. Tether Technology Interchange Meeting, NASA CP - 1998 - 206900, Jan, 1998: 271 - 284.

[92] R. P. HOYT. Maintenance of Rotating Tether Orbits Using Tether Reeling. Tethers Unlimited Inc, Final Rept. NASA Inst. 1999, May.

[93] R. P. HOYT, C. UPHOFF. Cislunar Tether Transport System. Journal of Spacecraft and Rockets. 2000, 37 (2): 177 - 186.

[94] R. FORWARD. Tether Transport from LEO to the Lunar Surface. AIAA/ SAE/ASME/ ASEE 27th Joint Propulsion Conference. Sacramento, USA, June 24 - 26, 1999.

[95] J. A. CARROLL. Preliminary Design of a 1 km/sec Tether Transport Facility. Final Report on NASA Contract NASW - 4461. March, 1991.

[96] K. D. KUMAR T. YASAKA, T. SASAKI. Orbit Transfer of Service Vehicle/Payload Through Tether Retrieval. Acta Astronautica. 2004, 54: 687 - 698.

[97] K. D. KUMAR. Payload Deployment by Reusable Launch Vehicle Using Tether. Journal of Spacecraft and Rockets. 1999, 38 (2): 291 - 294.

[98] S. W. ZIEGLER, M. P. CARTMELL. Investigating the Use of Motorised Tethers for Payload Orbital Transfer. AIAA - 2000 - 4529.

[99] S. W. ZIEGLER, M. P CARTMELL. Using Motorized Tethers for Payload Orbital Transfer. Journal of Spacecraft and Rockets. 2001, 38 (6): 904 - 913.

[100] D. A. PADGETT, A. P. MAZZOLENI. Nullcline Analysis as and Analytical Tethered Satellite Mission Design Tool. Journal of Guidance, Control and Dynamics. 2007, 30 (3): 741 - 752.

[101] D. A. PADGETT, A. P. MAZZOLENI. Analysis and Design for No - Spin Tethered Satellite Retrieval. Journal of Guidance, Control and Dynamics. 2007, 30 (5): 1516 - 1519.

[102]  P. WILLIAMS, C. BLANKSBY, P. TRIVAILO. Tethered Planetary Capture: Control Maneuvers. Acta Astronautica. 2003, 53: 681 – 708.

[103]  P. WILLIAMS, C. BLANKSBY, P. TRIVAILO. Tethered Planetary Capture Maneuvers. Journal of Spacecraft and Rockets. 2004, 41 (4): 603 – 613.

[104]  P. WILLIAMS. Tether Capture and Momentum Exchange from Hyperbolic Orbits. Journal of Spacecraft and Rockets. 2010, 47 (1): 205 – 209.

[105]  S. G. TRAGESSER, B. GORJIDOOZ. Open – Loop Spinup and Deployment Control of a Tether Sling. Journal of Spacecraft and Rockets. 2010, 47 (2): 345 – 352.

[106]  E. C. LORENZINI, M. L. COSMO, M. KAISER, et al. Mission Analysis of Spinning Systems for Transfers from Low Orbits to Geostationary. Journal of Spacecraft and Rockets. 2000, 37 (2): 165 – 172.

[107]  M. D. JOKIC, J. M. LONGUSKI. Design of Tether Sling for Human Transportation Systems between Earth and Mars. Journal of Spacecraft and Rockets. 2004, 41 (6): 1010 – 1015.

[108]  K. KUMAR, R. KUMAR, A. K. MISRA. Effects of Deployment Rates and Librations on Tethered Payload Raising. Journal of Guidance, Control and Dynamics. 1992, 15 (5): 1230 – 1235.

[109]  A. B. DECOU. Attitude and Tether Vibration Control in Spinning Tether Triangles for Orbiting Interferometry. The Journal of the Astronautical Sciences. 1993, 41 (3): 373 – 398.

[110]  K. KOKUBUN, H. A. FUJII. Deployment/Retrieval Control of a Tethered Subsatellite Under Effect of Tether Elasticity. Journal of Guidance, Control and Dynamics. 1996, 19 (1): 84 – 90.

[111]  M. PASCA. Nonlinear Control of Tethered Satellite System Oscillations. Nonlinear Analysis Theory Methods and Applications. 1997, 30 (6): 3867 – 3878.